小米生態鏈
戰地筆記

洪華、董軍———

著

CONTENTS | 目錄

推薦序

財經自媒體《王伯達觀點》　王伯達

「不要用戰術上的勤奮，掩蓋戰略上的懶惰。」

小米的創辦人雷軍，曾說過很多名言，不過我個人印象最深刻，也最為認同的，應該就是這一句了。

我算是在很早期就知道小米這家公司。

當時一位朋友任職於手機製造產業，是小米當時的合作廠商。這位朋友在與小米合作的過程中，對於小米的發展策略與供應鏈管理頗為讚賞，同時也感嘆台灣手機品牌與製造業的榮景可能即將要結束了。

幾年以後，台灣手機產業的黃金年代已然逝去。而小米，卻已經不再是當年只賣手機的那個小米。現在的小米，擁有自己的電商與實體通路，而他們成功抓住了當年的移動互聯網浪潮後，更藉以建立起小米生態系，整個生態系有許多產品的銷售量都已經做到世界第一，也為下一波的物聯網趨勢預先打好基礎。

這家成立才八年多的公司，今年在香港掛牌時的市值為五百四十三億美元（約合新台幣一兆六千三百億元），如果放在台灣股市的話，它就是僅次於台積電，在台股排名市值第二大的企業了。

這本書介紹了小米這家公司是如何抓住趨勢風口、形成生態系的戰略思維、以及這個生態系又是如何孵化一個又一個的爆款

產品。

　　我認為每一個章節都很精彩，也很值得細細琢磨，你可以從任一個章節開始讀起，或者你也可以先透過我的理解，來開始認識這家公司。

大公司都是時代的產物

　　「創業，就是要做一頭站在風口上的豬，風口站對了，豬也可以飛起來。」

　　是的，這是雷軍另外一句在網路上廣為流傳的名言。

　　然而，小米這家公司並不是只在科技領域抓住了風口，它更是對人口結構、消費型態的轉變有著深刻理解。

　　這也是為什麼，雷軍會喊出小米要當科技界無印良品（MUJI）的原因。

　　因為像無印良品、優衣庫（UNIQLO）這兩家日本代表性企業，正是在日本進入了「第四消費時代」，消費者開始追求高性價比、理性消費後開始崛起的品牌。而現在的中國，也即將走入這個階段。

　　就小米的說法，要理解一個時代的主旋律、理解消費的變化趨勢，才能夠看清楚產品發展的大方向。作為一家消費性電子公司，小米這種從金字塔尖往下看的思考方式，是值得其他同業學習的。

產品是1，其它都是0

　　這本書的上篇是在介紹小米生態系，下篇則是介紹打造產品的法則。

　　就我個人來說，我會建議先從下篇開始讀起。因為一個好的產品就是一切的開始，如果產品不夠好，那麼再多的廣告、行銷、代言人、通路都是枉然，當然也更不用談怎麼樣去建立一個生態系了。

　　小米的產品都圍繞著它的品牌定位，也就是高性價比，以台灣的說法就是高CP值了。而要做到高性價比，就必須要提升營運效率，這也是小米打造產品的根本思維。

　　小米的效率展現在各個不同層面。

　　比如說，為什麼他的產品只注重核心功能？為什他要自建電商與實體通路？為什麼他會選擇破壞市場的定價方式？

　　這些，你都可以在這本書裡找到答案。

生態系構築護城河

　　當一家企業抓住了風口、打造了爆款產品之後，下一步是什麼？

　　我們常常在股票市場上遇到所謂的「一代拳王」，也就是站在風口上的豬，但是當風停了之後，豬往往也從天上摔了下來，我認為這也是很多企業會面臨的問題。

　　有沒有辦法避開這樣的宿命呢？生態系是小米給出的答案。

　　小米生態系中的每一家企業、每一個產品，都是這竹林生態系的一份子，彼此尋求共同利益、放大價值，如此一來才能夠打造企業的護城河，形成一座生生不息的竹林。

不是只適用於電子業

　　這是我個人對於小米這家公司、對於這本戰地筆記的解讀。

　　台灣電子業曾經有過相當輝煌的年代，有引領全世界潮流的華碩小筆電、也有曾經排名站前的HTC宏達電，但這些都已不復存在。小米的崛起，固然有其獨特的時空背景，但它能夠在中國為數眾多的消費性電子產品中脫穎而中，也絕非偶然。

　　我認為小米的發展歷程是相當值得我們探討的，看著他如何從單一爆款產品打造成平台，再成為生態系，我認為這不是只適用於電子產業而已，對於其他行業來說也會是一個相當值得參考的範本。

推薦序

大同大學設計學院／設計科學研究所／博士班／教授／所長　許言

　　二〇〇九年時，我在明志科技大學擔任工業設計系主任，在臺灣工業設計前輩梁又照教授的引介下，召集臺灣多所大學設計系的師生一同前往北京，由北京科技大學工業設計系作東，共同參與了一場海峽兩岸設計交流夏令營。在當時，兩岸設計院校舉辦這樣盛大的交流活動，可謂是破天荒的創舉。我還記得，夏令營以梁又照教授的「使用者導向創新設計方法」為主軸，幾天分組的魔鬼特訓下，除了體驗了情境導向跨領域合作創新設計方法，而且參與師生都有了革命的情感。也在這場活動中，與當時的北京科技大學工業設計系副主任、創意設計中心主任洪華教授彼此結下不解之緣。隔年廣州亞運舉辦，洪教授帶領跨學科設計團隊參與亞運會火炬及配套設施的創作與研發工作；充滿民族文化特色和時代氣息的「潮流」火炬方案因其獨特的藝術造型和完善的技術解決方案，獲得各界人士和廣大群眾的一致好評。幾年後，我轉往大同大學設計科學研究所博士班服務，洪教授也隨著小米的崛起，成為橫跨產業與教育創新的小米生態鏈穀倉學院院長。

　　這些年來，我帶領學生從事教學研究與實務設計工作，以設計為核心的產品或服務創新一直是我所關心的重點；持續透過產學合作的具體設計案例，不斷探討設計策略與創新的內涵。而隨

著服務創新與物聯網的快速興起，產品創新與商業模式均有可觀的發展，特別是大陸新創企業獨特的設計創新模式，更是受到全球人士的關注。臺灣市面上雖有許多與小米相關的書籍與報導，仔細閱讀起來，總覺得免不了有作者主觀揣測的缺陷。本書採訪小米生態鏈的當事人與設計師，客觀且「原汁原味」地呈現第一手的實際情況和策略作法的精髓。本書還有一個特色，就是列舉了豐富且實際的產品創新案例，並以這些創新產品的產品定位、功能設定、品質要求等因素，系統性的帶領讀者了解小米生態鏈的進化史，引領著讀者了解小米成功的關鍵是什麼。

　　本書分為「生態篇」以及「產品篇」兩個部分。「生態篇」闡述小米生態鏈的產生過程，包括如何搶跑IoT，如何由手機配件起始，藉由集體智慧以及生態賦能，快速廣泛的擴增產品品類，然後互相支援，形成產品生態系統。令我覺得最有興趣的是小米的「竹林效應」，書中有一句很生動的描述：「傳統企業的發展像松樹，用百年才能成長起來。網路環境下的企業像竹筍，一夜春雨，就都長起來了。」在網路時代發展生態，不能再用百年松樹的思維，而是要切換到竹林理論上來。小米的投資布局方式，就像在投竹筍，當竹筍真正成長為竹林的時候，自然就會變得生生不息，形成如同竹林的特殊生態。在竹林的生態系統中，生態鏈中的新創企業，會負責去闖一個專業領域，小米也會把那個領域的資源打通，包括人才、技術、專利、供應鏈等等。這些專業領域又可以被小米和其他生態鏈企業共用；而這些新創企業在推出新產品時，也能夠共享小米多年積累的「物有所值」的良好口碑。因此在中國的新創圈，據說流傳著一句話：「生活消費品想融資、謀發展，請加入小米生態鏈。」當然，這樣的決策常

常要與企業的獨立性做抉擇。小米向生態鏈企業輸出資金、價值觀、方法論和產品標準，只有「小米加小米生態鏈企業」才是一個完整的生態系統。而對於新創企業團隊而言，則讓專業的人來做專業的事，並獲得龐大的用戶群、充足的資金支援、相對成熟的產品方法論，以及強大的供應鏈資源等等。

如果您是一位工業產品設計師，我想必定可由「產品篇」獲得不少的啟發。產品篇先分析小米是如何掌握時代的脈動，如何精準的決定產品定義，最後追求設計的最優方案。「精準產品定義」是將小米對產品創新的理念與切入點進行充分剖析，例如如何「滿足八十％用戶的八十％需求」的80/80法則，以及以80/80法則來開發符合大眾市場的創新產品。書中以家庭煮飯必備的電子鍋（電飯煲）為例，有這樣的描述：「我們投資做電子鍋的目的，就是想讓中國人也可以在家裡煮出香噴噴的米飯，口感不比日本人做的差。在做這款電子鍋的時候，我們用了幾噸米去測試不同水質、不同米種、不同海拔等因素影響下，如何能做出軟硬適中且晶瑩剔透的米飯。」此外，產品篇還非常傳神的提出了「螞蟻市場」的觀點：「小米生態鏈的矽膠枕頭、床墊，都賣得很好，為什麼會這樣？因為以前的用戶太苦了。你們看市場上的矽膠枕頭或是床墊，價格多貴呀！等生態鏈上的企業做了，我們就很清楚，你用最好的矽膠材料，真正的成本也就是這麼低。枕頭、床墊市場也是典型的螞蟻市場，這樣的市場都能釋放出巨大的空間，只要你做出足夠好的產品。」

整體而言，小米生態鏈是從產品的研發到營運、生產製造到行銷、再到售後服務，在不同行業領域的革命與創新。小米自身追求效率、保證自身產品的超高性價比，再不斷推出改變行業格

局的「爆品」，正是小米對其「效率與性價比」價值觀追求的展現。個人認為本書的問世本身就是一個創新的典範，不僅讓人見識到小米領導人的遠見與眼光，更讓人深刻感受到在物聯網時代，企業創新理論與實務的具體實踐。

推薦序

前小米首席財務官　喻銘鐸

　　記得剛到小米上班時，由於公司才成立不久，很多朋友都不清楚我去了家什麼樣的公司，還跟我開玩笑說小米？我還老鼠愛大米咧！之後隨著公司的迅速發展，越來越多人知道了小米，但大家更好奇的是，為什麼一家新創的手機公司能夠這麼快速的成長，特別是在一片紅海的手機領域。

　　這幾年小米的發展更加多元，從早期的手機、電視、路由器到現在的生態鏈公司，你能想像的到產品，幾乎都有小米的蹤跡，正因為如此，台灣的許多公司已經從好奇小米到如何尋求合作，參與到小米的生態鏈。

　　關於小米生態鏈的報導和介紹不少，不過都不夠全面和完整，《小米生態鏈：戰地筆記》是一本深入描寫小米如何發展生態鏈，以及生態鏈公司如何參與其中，最完整詳盡的好書。

　　台灣的科技業發展一向以硬體為主，也有相當不錯的成績和積累，但是從這本書的下篇產品篇裡，我們可以看到大陸公司在硬體產品上已經急起直追，甚至有些超越。他們對產品的定義、打磨；對品質的要求和追求極致，都讓小米生態鏈的產品打造出不同於一般產品的新風貌，再加上小米強大的管道推廣，無怪乎每次小米生態鏈有新品推出，都會引起一陣旋風和購買狂潮。

　　小米董事長雷軍曾經在接受媒體訪談時表示，很多公司學小

米是經歷了三個階段，看不起、看不懂和學不會。我想這本書甚至可以說是秘笈，賽博集團用了很多心力促成其在台灣出版，甚至開課傳授心法，已經很詳細的把小米生態鏈的模式以及如何做出一個好產品說的很透，也讓大家能看的懂，至於最後大家能不能學的會，就看各自的悟性和本事了。

推薦序

萬魔聲學科技有限公司創始人及總裁　謝冠宏

生態鏈是以智慧手機為趨勢及發展為主軸，從而形成以智慧產品為同心圓的智慧生活場景。

生態鏈是以互聯網、手機及其周邊設備為生態構建而成的平臺，在這個平臺內形成「魚幫水，水幫魚」的相互依賴。在銷售上，有生態周邊的設備加入，從而可互相拉抬引流，彌補只有手機的單一不足。同樣對於手機銷售實體店，有生態鏈產品的手機品牌與沒有的相比，來客數及客單價都高效許多倍。

生態鏈的管理團隊，建立起一種不同以往的商業文化：厚道謙虛，扶持又讓利給合作企業公司，讓利給消費者。投資、支持生態鏈，又尊重專業及獨立經營的胸懷，聯合艦隊，分進合擊。

生態鏈的經營完全以產品為中心，產品的定義，積極的定價，以多數人需求去做取捨簡化，堅持做爆品。在外觀，品質，用料，做工上，要堅持做精品。

生態鏈是以「志同道合」為共同理念的合作組織。「志」是要做感動人心的產品，讓最多人享受科技的樂趣，「道」是定出厚道的價格，不賺取暴利，利讓於消費者。

約五年前，有幸在香港酒店舉行YY的上市說明會間隙，雷軍撥冗與我簡短的腦力激盪。我對雷總的理念「專注，極致，口碑，快」、「聚焦手機，MIUI，互聯網」等理念非常敬佩，我因

職場倫理考量，不適合做手機只能獨立創業，提出多年想做郭董也指導過的手機生活圈延伸產品概念；老東家也曾鼓勵過要自行創業，還有與美國通路及電視大咖 William Wang 曾指點的聯創模式（供應商透明轉撥物料及製造成本給通路，通路靈活銷售後的毛利雙方分享，各自的產品，市場費用各自善盡管理職責不轉稼給對方，避免無數的議價相互挑戰過程），也獲得雷總的認同。這些指導支持感激不盡！

　　之後也基於對小米價值觀的極度認可，公司成立後也一直秉承堅持做爆品，做厚道的產品，不賺暴力讓利與消費者的理念，專注做耳機，做良心耳機，成立自由品牌「1MORE 萬魔耳機」。作為中國原創耳機品牌，專注提供用戶升級的消費體驗，在 2017 年成為中國電子音響行業協會評選為「中國十大耳機品牌第一名」。在兩年內把 1MORE 的耳機賣到 25 個國家，加快了「打造最酷的音訊品牌」的國際化步伐。1MORE 的魅力也吸引到華語流行天王周杰倫加入，成為「1MORE 創意官」。

　　目前不管在延伸產品規模上，還是 IoT 物聯網產品市占率上，又或是總市值上，小米生態鏈都大幅領先有目共睹，後勢依然強勁。

　　戰地筆記，真實不虛，極簡要，很實用，想創新創業，想做爆品，不可錯過。

序一

小米，就是要做
中國製造業的鯰魚

雷軍　小米科技創辦人、董事長兼CEO

　　二〇〇七年金山上市以後我就算退出江湖了，每天睡覺睡到自然醒，從來不約第三天的事情，凡事只約今天和明天。這樣待了三、四年，直到四十歲進入不惑之年，突然有一天我覺得人不能這樣過一輩子，還得有點追求和夢想，萬一實現了呢？

　　二〇一〇年的時候，正好我財務自由了，很多想法有機會去實現了，於是在這個「大背景」下創業做小米。

　　小米創業的第一步是智慧型手機。二〇一〇年開始組建公司，二〇一一年發布第一款手機，很快在智慧型手機市場占了一個位置，用四年時間做到中國手機市場的第一。

　　在二〇一三年年底，我看到了智慧硬體和IoT（Internet of Things，物聯網）趨勢。當然，那個時候只是看到趨勢，而IoT成為真正的現實至少還需要五年或是八年。我們決定，用小米做手機成功的經驗去複製一百個小小米，提前布局IoT。

　　做互聯網（網路）的人都知道，我們前面有三座大山——BAT〔百度公司（Baidu）、阿里巴巴集團（Alibaba）、騰

訊公司（Tencent）〕，不想被它們擋得無路可走的唯一的方法就是繞行，去開闢一個新的戰場。所以，在我們布局 IoT 的同時，也是為繞開 BAT 這三座大山。

無疑，我們的戰略是對的。在過去的三年多時間裡，我們投資了七十七家企業，已經有三十多家發布了產品，這些產品幾乎沒有失敗的。我覺得是大家實踐了小米模式，所以產品獲得了成功。今天，我能給小米生態鏈打九九・九九分。

小米模式的本質是效率

對於小米和我，大家耳熟能詳的是風口理論[1]、互聯網七字訣[2]，還有鐵人三項[3]等理論。但大家似乎一直沒有搞清楚小米的本質是什麼。

現在我告訴大家，小米公司的本質就是兩個字：效率。我總是在說互聯網思維（網路思維），互聯網思維的本質其實就是提升效率。

這幾年中國人都到國外去買買買，為什麼我們國內生產的產品沒人買，而且還非常貴呢？因為店面費用高，銷售員費用高，管道貴，中間環節多……所以物美價廉基本上是不可能的。我覺得中國製造的核心問題是：整個社會的運作效率出了問題。企

---

[1]　雷軍提出「風口理論」，表示：「站在風口上，豬都會飛。」認為創業成功的本質是找到風口，順勢而為。

[2]　專注、極致、口碑、快。

[3]　初創小米時鐵人三項的商業模式為軟體、硬體、網際網路，後將理論升級為硬體、新零售、網路服務。

業沒有在研發上下功夫，而是考慮在這個鏈條中如何賺到錢，層層加價，層層效率都很低下。

　　國內很多產品做不好的主要原因就是效率低下，效率低到令人髮指的程度。這樣的惡性循環的結果是，產品差，價格高，用戶不滿意，每一個環節都賺不到多少錢。

　　用互聯網思維去提升效率，其實這裡面沒有一個固定的方法，效率隱藏於所有的環節之中，看你如何把它挖出來。

　　比如小米用自己的電商平臺銷售，這就是最大限度地砍掉了中間環節，讓產品從廠房到消費者手中的距離是最短的；比如我們選擇精品戰略，而不是機海戰略，也是從效率的角度出發，機海戰略要將有限的研發、生產、行銷資源分散掉，分攤到每一個產品線的成本就會很高，而我們就是集中全部火力開發一款好的產品，把所有資源都用在這個產品上；再比如我們對品質要求極高，這也是為了效率，要知道如果產品品質出問題，在售後環節帶來的一系列問題會大大影響公司營運的效率……。

　　其實，小米智慧硬體生態鏈的模式本身也是從效率出發。我們用「實業＋金融」雙輪驅動的方式，避免小米成為一家大公司。如果我們自己成立七十七個部門去生產不同的產品，會累死人，效率也會很低。我們把創業者變成老闆，小米是一支艦隊，生態鏈上每一家公司都是在高效運轉的。

　　就是在效率這個核心思想的指導下，我們做到了很多別人做不到的事情：我們把（人民幣）兩百多元的行動電源產品做到六十九元；把動輒四、五千的空氣淨化器做到六九九元；把市場上四千多元的高檔床墊做到六九九元……。當然，受益的是消費者，高品質的產品可以在市場上迅速普及開來。

　　這就引出了小米模式的另一個視角：從消費者的視角解讀小米模式，就是高品質、高性價比。

　　我們常說品質、口碑、性價比，這些詞最終凝聚成用戶的信任。用戶只要看到小米或是米家品牌，就不用思考，不用猶豫，一定是品質最好的，一定是同類產品裡性價比最高的。小米要永遠堅持走性價比的道路，不透支用戶的信任，與用戶交朋友。

　　在二〇一六年，小米走過了六年的時候，在我們內部也產生了激烈的爭論：我們能不能把產品賣得貴一點兒？在這個問題上，我是非常堅定地說「NO」。

　　縱觀三十年商業史，賣得貴的品牌都是各領風騷三五年，甚至是幾個月。而性價比高的都能健康地營運三五年，甚至十年以上，Costco（好市多）、無印良品（MUJI）、UNIQLO（優衣庫）都是這樣。為什麼？因為毛利率低，就逼著自己追求效率，改善項目，這樣才能保持公司的戰鬥力。一旦毛利率高，公司就會喪失持續創新的動力，就會一步一步變得平庸。堅持高性價比的模式，是具備長期競爭力必須堅持的路線。

我的夢想，有點兒誇張

　　在大家的認知中，產品定價越高越好，毛利越多越好，公司越大越好。而按照小米今天的模式來看，這些傳統的商業認知都將失效──這就是小米的顛覆性。現在大家可能還不能完全理解小米模式背後的理論，那我們就不講理論，像鯰魚一樣去攪動，進入一個行業，攪動一個行業，進而促使一個行業革命的發生。

　　二〇一一年小米開始做手機，我們最大的成就不是用四年時間成為中國市場的第一，而是推動了整個手機行業的進步，也迅

速提高了中國智慧型手機的普及率，讓更多的用戶更早地接觸到智慧型手機。

二〇一三年我們開始做延長線，以前的延長線又大又醜，三十年工藝都沒有進步。我們把延長線做小，做成藝術品，連包裝盒都像蘋果手錶的包裝一樣精緻。小米延長線上市一年之後，你看到市場上的延長線外觀長得越來越像，設計感越來越強，工藝也有了很大提升，不得不承認是我們推動了延長線這個行業的集體革命。

進入一個行業、攪動一個行業的同時，我們也迫使製造業上了一個臺階。小米生態鏈為了做出創新的產品，為了具有更高的產品品質，很多原有的生產製造條件不能滿足我們的生產需求。所以我們會和上游生產企業一起投入研發新的工藝，對生產線進行改造，甚至有的還會投資，幫助其建立新的生產線。

迫使製造業升級，是一個非常痛苦的過程，我們跟供應商一起溝通、設計、反覆試驗，堅持再堅持。如果熬不住就是放棄，但是現在熬過來之後再看，不僅我們的產品是完美的，也無形中幫助供應商完成了製造業升級的過程。

如果我們一件產品、兩件產品、一百件產品都是這麼做的，最後的結果是什麼？改變中國製造業！這就是小米的終極夢想，讓中國企業能製造出好產品。

我這個人有點兒「軸[4]」，我們做的這件事把自己搞得非常累，還得罪了很多人。但是不打破他們的舒適區，他們就沒有動力革自己的命，中國的製造業升級就是一句空話。所以不管別人

---

[4]　有點死板，不喜變通。

怎麼罵我們，我們就是要認認真真把每一個產品做好，時間可以證明我們的做法，最終改變了中國製造業。

我的夢想有點兒誇張，推動中國製造業進步，讓消費者用很便宜的價格享受到科技的樂趣。不管你們是否認同，我就是要一條路走到黑（走到底），就是要做感動人心但價格公道的產品。全球偉大的公司都是把好東西做得越來越便宜。

我不奢望大家現在都能理解小米的模式，我只希望十年、二十年之後，當大家提到中國零售效率、製造業變革時，記得有「小米」這麼一個名字就好。

序二
用真金白銀和
血汗換來的戰地筆記

劉德　小米科技聯合創辦人、副總裁

匆匆六年，白駒過隙。轉眼，小米成立六年，這也是我加入小米的第六年。

這六年，我們一直在奔跑。用了四年的時間，我們把小米從零做到近千億營收，估值四百五十億美元。用了三年時間，我們又跑出一個小米生態鏈。

因緣際會，二○一○年，我正式加入小米，並成為小米的合夥人。此前，一直身處設計領域，我並不知道雷軍是誰，更不知道未來小米會長成什麼樣。我創辦了北京科技大學工業設計系，任教期間創立了一家在工業設計界還算有名的公司。當小米的聯合創辦人洪峰找到我的時候，是我在美國讀書中間回國的空檔。我想，應該還是我「喜歡上場打仗」的性格，促使我最終決定加入小米，跟另外六位合夥人一起奔跑。

加入小米後，我的分工是「工業設計＋X」。這個「X」分別是供應鏈、銀行關係、生態鏈。看起來，除了工業設計是我的專業所長，其他的對我來說，幾乎就是陌生的領域。在小米創業

初期,沒有供應商願意相信小米能成功。我們被拒絕了無數次,幾近絕望。供應鏈的問題,對於我和小米,都是從零開始。但我們硬是「跑」下來了。生態鏈也一樣。儘管業界一直有「打造生態」的聲音,但誰也不知道符合自己的生態究竟什麼樣、究竟怎麼做才是最好的。三年下來,小米生態鏈已經投資了七十七家企業,三十家企業發布了兩百多款產品,已經有十六家年收入超過(人民幣)一億,三家年收入超過十億,還有四家獨角獸[5](Unicorn)公司。

　　這些成果都源自我們不停歇的,拿下一場又一場的戰役。加入小米這六年以來,我只休過一次年假,是帶孩子去迪士尼。其實,這也是在小米工作的其他小夥伴們工作狀態的寫照。

　　這樣的奔跑速度,讓我時常想起《阿甘正傳》,那是我非常喜歡的一部電影,在這部電影裡,阿甘始終在奔跑,奔跑中他看到了別人看不到的風景,通過奔跑他完成了一個又一個夢想。他在奔跑中,心無雜念、不計較得失,將個人的潛能發揮到極限,這正是我們每個創業者需要學習的精神。

　　這六年,我們就像阿甘一樣,將每個人的潛能發揮到極致,在一些不太擅長的領域,我們也努力把它做到最好。這是創業需要的精神。這個時代被網路技術和資本包夾著,飛快地向前迭代[6]著。創業不需要瞻前顧後,權衡各種利益關係,制定所謂的三年、五年戰略,只需要向著目標一路狂奔。

---

[5]　估值達十億美元的新創公司,成長極為快速。

[6]　迭代:針對錯誤進行調整,隨著一次次迭代的過程,產生品質越來越高的產品。

出乎意料瘋長的小米生態鏈

二〇一三年年中，雷總意識到IoT的風口不遠了，讓我組建一支隊伍做投資，在市場上搶好的創業團隊，用小米的價值觀孵化一批企業。

在接到雷總做生態鏈的這個任務時，我感覺這是我的又一次創業，又一次要從零開始。我們並不知道未來會是什麼樣的局面，只是找出了一些簡單的思路和方法，從小米公司拉出來十幾個工程師，開始了百億投資的布局。

如前所述，三年下來，小米生態鏈成績斐然，這其實已經出乎我們的意料。

記得當時投資華米的時候，我們跟當地政府談希望第一年能做到一億，第二年做到三億，第三年做到十億。當地政府和華米的團隊都不太相信。

結果在小米手環上市的第二年，華米就真的做到了銷售額超過（人民幣）十億。

再比如，我們投資紫米做行動電源，大家都覺得行動電源沒有什麼前途，沒有想像空間，這個產品太low（等級不高）。可是，紫米用一款產品改寫了行動電源的行業格局，然後一心一意擴大規模。當一家做行動電源的企業營業額超過二十億元的時候，很多問題都迎刃而解。紫米現在是電池行業的「專家」，占全球電芯採購業務的七分之一，它可以拿到最好的電芯價格，甚至有的企業買小米行動電源回去拆開，用裡面的電芯製造自己的產品，這樣都比他自己去採購電芯便宜。

單點突破，做到極致，你就是這個領域最頂尖的公司。紫米現在不僅是一個行動電源公司，是一個電池專家，也變成了一個電池供應鏈管理公司。

成功來得有點兒快，遠遠超出了我們的設想。

商學院，建在戰場上

商業理論要錢，軍事理論要命，所以任何時代最先進、最高明的理論一定是軍事理論。我們雖然沒有系統的方法論，但我們在這一次創業中，運用了大量的軍事理論，比如精準打擊、特種部隊、小站練兵、蒙古軍團等等，發現軍事理論用在商業中果然有奇效。

我們投資的這些創業團隊，都是從零開始做一個全新的產品。我們輸出小米的產品標準，再利用小米的資源，幫他們打贏第一仗，拿下基本盤。一般第一仗打完，都會出現一個爆品[7]，同時這個團隊也基本成熟了。

這個過程，就像是建在戰場上的商學院，我們給他們錢，幫他們組團隊，告訴他們如何定義一個產品，幫他們建立完整的供應鏈。小米做事有兩個特點，一是產品標準極為苛刻，二是成本要控制得非常低。把商學院開在戰場上，可能會有些傷亡，可能要交一些學費，但是士兵很快就能成長為將軍，我們的塑造人才的成功率很高。

這是我們用網路的邏輯訓練出來的一支新軍，非常具有戰鬥力。相對於很多傳統行業裡的公司，這個團隊非常有價值，他們

---

[7]　爆品為消費者不斷追捧、持續熱銷的產品，可以為企業創造更豐厚的利潤。

用完全不同的方式做延長線、做電子鍋、做電風扇，攪動了一個又一個行業。

蘇峻原本是大學老師，被我拉出來做空氣淨化器。這家生產小米空氣淨化器的智米，真的是從一個人開始，用了兩年時間，成為估值超過十億美元的公司。我們幫他付了很多學費進去，他的EMBA（高階主管企管碩士）課程是在戰場上完成的。

有一次他回到學校，看到學校裡的前同事們，非常感慨，他感覺「那裡的時間似乎是停滯的」，一切都跟兩年前一樣。而創業的他，這兩年是在槍林彈雨中穿行，甚至頭髮都白了。

現在回頭來看，小米生態鏈不就是一個建在戰場上的商學院嗎？每一個決策都是用真金白銀換來的，所有的EMBA課程都是在頭破血流中完成的。

我們在孵化七十七家企業的時候，每一家的情況都不同，在不同階段出現了各種狀況。我們一路跑，一路遇到問題。遇到問題就把它解決掉，解決完問題就調整步伐再往前跑。慢慢地，我們開始有一些方法和工具。在本書的前半部分，我們把打造生態的一些經驗分享給大家。所以在本書的後半部分，我們會把如何做好一個產品的心得全盤托出。

這不是天下無敵的「葵花寶典」

在這個年代，很多人都喜歡講理念、講世界觀、講概念，還有各種各樣的「成功寶典」。恰恰缺少的是阿甘這樣「簡單而又固執」的人，缺少踏踏實實做好產品的人。無論網路怎麼影響這個社會，做出好的產品才是根本。

　　其實過去幾年，特別是在小米最順風順水的時候，大家總結了很多「小米模式」，過於把小米經典化、聖經化了。現在很多創業者想說，給我一套方法、一個公式，我照著做就可以成功了。這是懶人思維！沒有一個成功是可以完全複製的，也沒有一個公式是萬能的。

　　這本書是我們的一部戰地筆記。我們在一線打仗，隨時隨地做一做筆記，做一些階段性的思考和總結。沒有什麼系統性，沒有理論高度，不是「創業聖經」，但是非常真實，是我們用血肉和真金白銀換來的。

　　你可能看不到華麗的辭藻、先進的理念、系統的知識，有些故事和語言表達你甚至會覺得過於質樸。但，你能看到一個真實、誠懇的小米，以及一群癡迷於做產品的兄弟。

　　這本書送給所有在創業中奔跑的夥伴。遙想，當你老了，像阿甘一樣坐在長椅上回首這一生，會有喜悅、傷痛，但不會有遺憾。因為你的一生曾經至少有這麼一次，為了一個夢想，心無雜念，勇敢奔跑。而我們這本「戰地筆記」，希望可以在你奔跑的時候，哪怕給你帶來一點點啟發，我們也是心懷慰藉的。

　　奔跑吧，兄弟！

上篇

生態篇

前言

　　三年前，小米開始做一件事，就是打造一個生態鏈布局IoT。

　　三年後，小米生態鏈企業數量已達到七十七家，其中三十家發布了產品，截至二〇一六年年底，生態鏈硬體銷售額已突破人民幣一百億元（約合新台幣四百五十億元）。

　　如今在小米的電商平臺上，除了手機、路由器、電視、VR（虛擬實境技術），其他絕大部分產品均產自小米生態鏈公司。而這些企業，我們多數都是從零開始投資孵化，一起組建團隊、研發產品、打通供應鏈。在硬體創業成功率普遍極低的情況下，小米生態鏈擁有七十七家生命力旺盛的硬體創業公司，其中十六家公司年收入超過人民幣一億元（約合新台幣四億五千萬元），三家年收入超過人民幣十億元，四家公司估值超過十億美元（約合新台幣三百億元）。

　　小米生態鏈公司不是小米的部門，不是子公司；小米對生態鏈企業也不是單純的投資，更不是ODM和OEM[8]。

　　那麼它是什麼？

---

[8]　ODM：是一家廠商根據另一家廠商的規格和要求，設計和生產產品。OEM：俗稱代工，是受託廠商按委託廠商之需求與授權，按照廠家特定的條件而生產。所有的設計圖等都完全依照委託廠商的設計來進行製造加工。

小米生態鏈是一個基於企業生態的智慧硬體孵化器：

1. 我們對生態鏈公司投資不控股；
2. 我們對生態鏈公司輸出產品方法論、價值觀，提供全方位支援，與生態鏈公司共同定義產品、主導設計、協助研發、背書供應鏈。最後對通過小米內測後的生態鏈公司的產品，按類別開放米家和小米兩個品牌，並提供管道支援，行銷支援，負責銷售與售後。
3. 生態鏈企業是獨立的公司。除米家和小米品牌的產品外，它們同時研發、銷售自有品牌產品。

在我們做生態鏈之初，這是一件過於「新」的事，新到我們沒有可參照的物件，只能憑著簡單的邏輯，一路狂奔，打下一場又一場的硬仗。今天我們把一線作戰的戰地筆記拿出來分享，它也許並不系統，也不普及，但確是我們實實在在，將我們用幾十億美元、無數心血的投入以及經歷過無數的挑戰後所獲得的想法和經驗記錄下來，希望這些經驗能給創業者們一點點有用的參考。

第一章

搶跑 IoT

「從第一家企業開始，我們的生態鏈就不是規劃出來
的，而是打出來的。」

為什麼要做生態鏈？

其實二〇一三年剛開始的時候，生態鏈這個詞還沒出現。

那時候雷總對網路（中國稱為互聯網）的發展階段有一個基
本的判斷：第一階段是互聯網，第二階段是移動互聯網，第三階
段是物聯網（IoT）。雷總說：每個階段，必會有成就萬億級大
公司的機會。

小米創辦於二〇一〇年，那年是中國移動互聯網的創業元
年。到二〇一三年時，短短的三年，我們就在手機領域殺出了一
片天地。我們覺得，做小公司靠打拼，做大公司要靠運氣。小米
手機當年就是踩準了移動互聯網這個風口，趕上了換機潮，如果
沒有這一點，我們這些人就算是神仙，也不可能在短短的三年內
做出那麼多成績。

所以當我們對下一個網路發展階段有了判斷之後，覺得一定
不能錯過物聯網這個風口。

　　但是怎麼做呢？

　　當時雷總來找德哥（劉德，生態鏈負責人，在內部大家習慣稱他為德哥）聊這件事，他說：「要迅速地去市場上掃描，搶公司、搶項目。」

　　我們最初的想法其實很簡單，就是用投資的方式，找最厲害的團隊，用小米的平臺和資源，幫助大家做出真正的好產品，迅速地布局物聯網。

　　所以從二〇一三年下半年起，我們開始組團，瘋狂地到市面上去「掃描」優秀的創業公司。

　　為什麼我們要用這樣的模式來布局 IoT？

　　第一，以當時小米的狀態，從人員和精力上都不可能直接做這個事情，二〇一三年是我們手機產品蓬勃發展的一年，我們一共有八千名職員，其中兩千個工程師專注於做手機，但實在忙不過來，雷總說：「小米必須要專注，否則效率會降低。我們自己不要做，最好是找更專業、更優秀的人來做。」所以我們才想用一個全新的模式，用「投資＋孵化」的方式，弄一堆兄弟公司，大家一起來打群架。

　　第二，是速度，過去幾年裡的經驗教訓告訴我們一個很重要的商業指標，就是速度，如果我們自己做，進入這麼多領域做這麼多產品，得做到哪個時候，所以只有用生態鏈這種「投資＋孵化」的方式，才能以最快的速度去布局市場。

　　第三，是激勵機制，制度決定一切。如果我們把這件事放在小米體系裡做，那激勵的力道就會降低。而用生態鏈的模式來進行，每支隊伍都是獨立的公司，打下來的是自己的天下，這樣的

機制才能保持團隊生猛[9]，野蠻生長。

所以，當我們看到一個時代的趨勢是什麼樣的，並且我們認為這個趨勢是清晰的，我們就要在這個大趨勢下，拿出可行的方法，快速地來做。沒有人能準確地知道未來是什麼樣的，但做著做著就知道了。

第一節　離手機近的先打下來

小米生態鏈投資的第一個領域是手機周邊，做的第一個產品是行動電源。

分享手機市場紅利

其實，早在小米手機推出來的第二年，我們就曾經做過行動電源的產品。作為手機公司，我們當時看到，手機的趨勢是外形越做越薄，所以電池的體積不能增加；而智慧手機越來越耗電，所以在電池技術暫時沒有革命性飛躍的情況下，做行動電源，一定是有市場的。

二〇一一年我們第一次做行動電源的時候，是公司內部組織了一支小隊伍來做的。我們自己開模具，用最好的電芯，自主研發製造，最後做出來，成本就人民幣一百多元，賣兩百多元，一個月只賣了兩萬個左右。後來我們就把這個項目暫停，因為無論

---

[9]　戰力十足、作風強悍。

從產品定義、性價比，還是銷售的結果，這都完全不是小米的風格。

到了二〇一三年的時候，雷總給德哥指示，要快速地去市場上搶團隊，於是我們再次關注行動電源這個領域。與二〇一一年不同的是，二〇一三年的我們對手機周邊這個領域的市場多了一份信心。那年的小米，已經有了固定的一億五千萬成熟活躍的用戶群。所以如果我們能打造出像小米手機一樣品質優良、價格可親的手機周邊產品，這些產品就一定能夠享受到手機銷售的紅利。就好比今天烤個地瓜，餘熱就能把周邊別的東西也烤熟。

所以二〇一三年，我們關注的第一個投資的圈層就是手機周邊。

但那年的行動電源市場，各種產品已經非常多，只是品質良莠不齊，大品牌的價格極高，小品牌雜亂生長，性能差且安全指標都不合格。我們覺得這個產品品項存在著很多痛點可改造，但似乎沒有找到一個合適的切入點。

直到有一天，德哥的一個朋友突然來找他，說自己做了一款行動電源，價格非常便宜，想請德哥幫忙，看看能不能在小米網上銷售。

德哥當時就說：「兄弟，便宜並不新鮮（少見）哪，因為市場上用山寨（仿冒）電芯的都便宜。」但德哥這個朋友非常厲害，他說：「什麼山寨，我用的可都是蘋果的電芯。」

原來那年正值蘋果iPad推出之際，市場本來特別看好這件事，覺得iPad的出現會讓筆記型電腦的銷量大幅下降。結果iPad並沒有如預計般地發展起來，這就直接導致了大量的iPad電芯產量過剩。德哥這個朋友之所以能在用好電芯的同時，把行動電

源做到很便宜，關鍵就是買了庫存的尾貨[10]電芯。這個事給了德哥一個很大的啟發，他說：「我一下子就意識到，移動電源（行動電源）本質就是個尾貨生意。」

與此同時，二〇一三年還有一則資訊也被德哥留意到了，那年IDC（網際網路數據中心）和Garter（市場分析機構）兩個機構同時宣布，聯想集團成了全球最大的筆記型電腦供應商。也就是說，全球除了聯想以外，其他主流的PC（個人電腦）廠商都在萎縮。德哥和雷總聊起這事，雷總立刻就說：「咱們的移動電源必須用18650電芯。」筆記型電腦市場萎縮，那麼市場上作為最常被用於筆記型電腦電池的18650電芯必然會有大量的過剩。這種電芯性能優質，技術還算成熟。

所以有時候，商業就是個信號學的世界。抓住信號，看穿本質，才能準確地切入市場。在看穿了行動電源這個市場後，還要找到適合的人來做。雷總跟德哥商量：「我想請張峰來做這件事。」

張峰是原英華達的總經理，和雷總相識多年。在二〇一一年小米還名不見經傳的時候，沒有一家大的手機製造商敢接小米手機的訂單，時任英華達南京總經理的張峰第一個答應生產小米手機。他在手機生產製造領域打拼多年，對於手機及相關產品的生產製造業務瞭若指掌。

雷總、德哥、張峰，三個人在雷總的辦公室裡深聊一夜，隨後生態鏈的第一家公司——紫米就這樣誕生了。生態鏈投資不控股，幫助紫米定義產品、設計產品，並幫助紫米背書供應鏈，並

---

[10] 貨物銷售後期剩下的少量貨物。

授權使用小米品牌，在小米的電商平臺上銷售。

行動電源是我們打的第一仗，這一仗雷總和德哥全程深度參與。用德哥後來的話說，是先有紫米，後有生態鏈。從第一家企業開始，我們的生態鏈就不是規劃出來的，而是打出來的。小米生態鏈就是從點做起，積累經驗，逐漸向外摸索。

由近到遠的三大投資圈層

所以小米生態鏈的投資圈層，是圍繞手機展開的。投資的第一個圈層，就是手機的周邊，因為這是我們相對熟悉的戰場，也是我們擁有龐大用戶紅利的領域。在此之後，我們又繼續投資孵化和手機周邊相關的產品——做耳機的1MORE（萬魔聲學），做智慧可穿戴的華米，做淨水器的雲米，做平衡車的納恩博。慢慢地，我們逐漸摸索，便形成了一個投資的三大圈層：

第一圈層：手機周邊產品，比如耳機、藍芽喇叭、行動電源等。基於小米手機已取得的市場占有率和龐大的活躍用戶群，手機周邊是我們具有先天市場優勢的一個圈層。

第二圈層：智慧硬體。我們認為智慧硬體大的爆發期尚未來臨，但長遠來看，硬體的智慧化是必然的趨勢。我們看好智慧硬體未來的發展，小米本身也具備打造出色智慧硬體的基因。因此我們投資孵化了多個領域的智慧硬體，如空氣淨化器、淨水器、電子鍋等傳統家用電器的智慧化；也投資孵化了像無人機、平衡車、機器人等極客互融類的智慧玩具。我們希望透過投資孵化智慧硬體，讓人人都可以享受到科技的樂趣。

第三個圈層：生活耗材，比如毛巾、牙刷等。如果以現在的眼光看這些耗材，也許會覺得小米投資跨越的領域有點兒大，但

小米生態鏈投資的三大圈層

如果能以十年後的眼光看現在，那麼圍繞著提高個人和家庭生活品質的消費類產品，在消費升級的邏輯下，必然會有巨大的市場。另一個方面，小米是一家科技公司，但科技公司有一個非常大的問題就是：不確定性。這是由科技公司的屬性決定的，誰都不一定能夠一直站在科技的制高點上，所以當一家科技公司擁有了大量生活耗材類的生意時，它們就能夠對這家科技公司不確定的屬性產生巨大的對沖作用。因此生活耗材是我們投資關注的第三個領域。

在這三年的實戰中，我們逐漸形成的投資順序是：離手機近的早點投資，離手機遠的晚點投資；離用戶群近的早點投資，離用戶群遠的晚點投資。

就這樣，在二〇一四年，國內市場迎來了智慧硬體的創業高潮，這一年也被稱為智慧硬體元年，投資機構也瘋狂地湧向這個

領域。二〇一四年，我們「搶」了二十七個項目，二〇一五年「搶」了二十八個項目，二〇一六年搶了二十二個，平均十五天就投資一家公司。所以雷總曾說，小米生態鏈不僅是一家生產產品的公司，還是一個生產公司的公司。

　　到二〇一五年下半年，我們再看市場上，整體投資速度已經明顯放慢，而此時，小米生態鏈的基本盤也已經穩住。

第二節　工程師投資團隊

　　與穿著西裝打著領帶，時常進出CBD（北京商務中心區）的「高富帥」投資經理不同，小米生態鏈是一群「屌絲[11]」工程師在做投資。就是這樣一批完全不符合投資界「行規」的人，三年來打造出一批生猛的中型公司。

懂小米、懂產品的豪華團隊

　　二〇一三年德哥在接到雷總決定投資生態鏈的任務後，當時最大的難度是我們這些人都是工程師，沒人做過投資。所以德哥從小米內部抽調了十幾個資深的工程師，大家從頭學起，這十幾個人就建立起了小米生態鏈最初的投資團隊。

　　為什麼集合一票在小米非常資深的工程師團隊來做投資？我們總結了三個原因：

---

[11] 屌絲：最初指出身卑微的年輕男性，形象為「窮矮醜」。

1. 他們對小米的價值觀、產品標準最了解，他們能夠準確地輸出小米的模組；

2. 新公司、新產品孵化出來，還要嫁接回小米，需要與小米的各種資源對接。這些人在小米公司裡都有人脈、有資源，老員工「露臉」，到哪個部門都會給些面子；

3. 他們都是老員工，深刻認同小米的價值觀，對公司也非常忠誠。另外，投資這件事，「回水[12]」是很多的，他們很多都是小米公司早期的股東，抗誘惑能力是比較強的。

小米對生態鏈企業投資，一直都堅持只占小股，一來是保證隊伍的獨立性和競爭力，二來是因為我們的核心精神在於用小米成功的模式複製一批智慧硬體領域的企業。在這樣的一個生態環境裡，資本只是建立關係的一個紐帶，而價值觀、產品觀、方法論的傳導，才是整個生態系統能夠繁衍下去的根本。所以，我們需要的是真正懂小米、會做產品的人來做生態鏈的投資。

現在看來，我們最初的團隊陣容真的很「豪華」。德哥是小米的聯合創辦人，這不用多說；劉新宇是小米的七號員工，孫鵬是十三號員工，兩人並稱為MIUI（米柚）早期拉動經濟成長三大動力源[13]之二；李寧寧畢業於赫赫有名的的Art Center[14]，是

---

[12] 投資得到的回報。

[13] 拉動經濟成長三大動力源：投資、消費、出口，中國經濟圈常用「三駕馬車」稱之。

[14] Art Center：藝術中心設計學院（Art Center College of Design，簡稱ACCD），是美國目前在設計方面最權威的學院，其汽車和交通工具設計系、數位設計專業、插畫系、平面設計系、娛樂設計等，在全世界處於領先水準。

小米手機最早的ID（工業設計）設計師之一；夏勇峰，前《商業價值》雜誌主筆兼編委，並參與創辦極客公園[15]（GeekPark），加入小米後親自操刀了路由器的產品定義，後來轉至德哥麾下……這一群人，每一個都是產品領域高手中的高手。

　　這裡有個有趣的小插曲：從二〇一三年有了創業做掃地機器人的念頭之後，昌敬做了大量關於機器人方面的功課。同時，因為自己做了多年的產品經理，有過創業成功的經驗，他認為自己做產品的能力是相當不錯的，特別是他創辦的魔圖被百度收購之後，他加入了百度，他對產品的理解，得到公司極高的認可。

　　帶著這份自信，二〇一四年四月，昌敬見到小米生態鏈的產品經理夏勇峰。兩個人聊了一下之後，昌敬被嚇到了：「小米隨便派個人來見我，這個人的產品格局怎麼就這麼高！我當時的感覺是，我練功練了很多年，才練到乾坤大挪移的第一層，結果對面隨便來個人就已經是頂級高手了。」

　　當時，他還不知道，夏勇峰是小米生態鏈最厲害的幾個產品經理之一，不是隨便派來的一個人。生態鏈初期的幾個人一邊做投資人，一邊做產品經理，集雙重角色於一身，是他們奠定了小米生態鏈初期很多產品的成功。

只看產品和技術，不看BP

　　在生態鏈投資的初期，我們不拘泥於投資界的法則，我們看重的是團隊和產品的潛力，並不會像投資人把重點放在BP（商

---

[15] 成立於二〇一〇年，總部位於北京，聚集眾多具有創新精神的極客人士，提供科技領域資訊，挖掘深具潛力的創新公司。

業計畫書）。有些項目，在辦公室裡談一個小時就決定投資了。

　　為了奪得先機，早期的項目，我們都不做詳細的估值。我們一般都是問創業者：「未來一年你們在量產之前還需要多少錢？這個錢我們出，給我們一五％到二〇％的股份。」這樣做投資速度很快，是超現實主義的投資方式。

　　我們這樣做是不是很不按牌理出牌？其實在創業公司的初期，真的沒有必要去估值，這沒有意義。今天只是開始，「餅」還很小，討價還價也沒有依據。更何況本質上，小米生態鏈做的是孵化，而不是投資。我們是用小米的資源幫助這些企業做大，當這些企業做大之後，原始估值也就沒有多大意義了，孵化成功就意味著投資的增值。而創業公司之所以要和其他的投資機構不停地在原始估值上糾結，討價還價，其根本還是因為除了錢，創業公司能從投資機構獲得的其他支持都非常有限。

　　但硬體創業這件事，真的不僅僅是需要錢那麼簡單，和懂產品的人合作，非常重要。這也是為什麼我們這批由工程師組成的投資團隊，能夠在硬體創業最蓬勃的階段裡，搶回了一批優質的公司。

　　Yeelight 就是一個由一線工程師組成的優質創業團隊，專攻智慧照明硬體，我們對它們有投資意向的時候，已經有好幾個投資機構向它們伸出橄欖枝。

　　最早是孫鵬發現的 Yeelight，他用了 Yeelight 最初的產品，感覺還不錯，於是聯絡了 Yeelight 的創辦人姜兆寧。「孫鵬第一次來我們這兒，背個包，我以為他是來批發燈的。」第一次見面，姜兆寧和孫鵬聊了兩、三個小時，根本不知道他是小米的，也不知道他是有意要投資。

　　那次會面之後，孫鵬覺得這家公司值得搶一搶。一來，這個團隊很有膽子，敢做敢拼；二來，它們產品做得不差，又自行進行過一次群眾募資，十幾個人的團隊能夠把東西做出來，有銷售有服務，那麼這家公司具備自己做生意的能力，這一點非常重要。於是孫鵬拉著德哥一起，「遊說」姜兆寧。

　　「最終為什麼選小米呢？就是聊著聊著，感覺很不一樣。」姜兆寧回憶說，「別的投資人都是來談錢，談估值，談股份。和小米這幫工程師聊，我們就是在一起探討，這個產品你的想法是什麼，我的想法是什麼，然後我們用哪些數據來佐證這個功能可以做，哪個功能不能做，做的時候我們用什麼技術。探討谷歌、蘋果的技術水平（水準）在哪個程度上，我們分析研究它們未來往哪走，而我們應該往哪走。我們都是在討論這些事。這種溝通，就是感覺很對，感覺小米的工程師水平很高，我們就覺得跟著小米一定能幹成。」

　　工程師更懂工程師。這是我們在硬體領域搶團隊上非常大的優勢之一。

　　後來，我們總結了一下工程師做投資與專業投資人的差異：

　　投資人看重：團隊、數字、回報。

　　工程師除此之外，更看重：產品、技術、趨勢。

只關注產品，不關注戰略

　　這批由工程師組成的投資團隊成員，在生態鏈內部被稱為產品經理。他們主要肩負向生態鏈企業輸出小米的理念，必須嚴格地按照小米的產品標準畫線，產品經理在生態鏈企業發展初期，話語權是非常大的，特別是第一款代表性產品打造出來的時候，

他們會代表小米來判定這款產品是否能夠搭上小米的「大船」，幾乎是擁有一票否決權的。

　　產品經理的特點就是只關注產品，不關注戰略。我們比較認可這樣一個觀點：不要先定戰略，我們就是做「好產品」的。戰略容易讓人走火入魔，不可強求。只要有耐心做出一個個「好產品」，其他的自然而然就來了。

　　在小米生態鏈上，我們有一些公司是從零孵化，有一些是與其他企業合資，也有已經創業到一定規模的企業是由我們投資占股。無論哪種形式，只要上了小米的這艘大船，每一件產品都不容閃失。我們希望未來能夠影響一百個行業，進入一個行業就要用最好的產品撼動一個行業，發揮「鯰魚效應」，真正能夠改變這個行業的產品定義，對產業鏈進行重構。

　　作為鯰魚，我們也付出了很多代價。當你要打破一個行業原有平衡的時候，自然就會受到傳統力量的抵制。

　　很多傳統行業都已經固化了，大局已定，大家相安無事，競爭非常不激烈。但當小米這樣的新生力量殺進來，變化就出現了，它是用全新的邏輯、全新的隊伍、全新的商業模式和更嚴苛的產品標準來做事。比如小米用3C的標準來做家電，用做軟體的思維來做硬體就是例子。

　　雖然孵化的都是創業公司，但我們面對的都是正面戰場攻擊，而不是側翼攻擊。這就要求我們首戰即決戰，每一戰都要把小米的全部資源押上，確保一戰成功。當然，很多產品在內測階段問題就會暴露出來，有些產品甚至是在上市前被淘汰，幾百萬的損失在這個生態鏈上並不罕見。

一邊搶團隊做投資，一邊做產品、開拓市場，當初這幾位工程師出身的產品經理，在三年期間經歷了高密度的作戰，每天都在總結經驗，也因此才成長為今天物聯網領域和投資領域的高端人才。

講真

Peaceful風

孫鵬　小米生態鏈產品總監

看過米家發布會的人，都會被德哥的演講所感染，他自信、輕鬆、幽默，還會講各種讓人發笑的小段子（小笑話）。

我們整個團隊，跟德哥的風格很貼近，團隊成員多半是小米的早期員工，已經小有成就，要追求內心的超越[16]，要不就是外面招來的大咖，總之是典型的中產階級生活風格。所以米家的產品也是這種風格，也就是德哥說的「peaceful」。

第三節　按找老婆的標準找團隊

一般的投資機構投資項目的時候，要看風口，看市場占有率，看估值，看有沒有退出的管道。小米做投資的特點，首先是

---

[16] 多指內心強大和自信、超然的狀態，永不放棄。

看人，不僅看人是否可靠，並且要看人的價值觀和我們是否一致。

那麼什麼樣的人會被小米生態鏈投資？

人不如故

整個業界都知道，雷總喜歡投資熟人。所謂衣不如新，人不如故。

小米生態鏈投資的第一個人張峰，就是雷總的老熟人。早年小米做第一批手機時，沒有供應商願意接我們的單子，製造廠商也多是被創業公司畫大餅給嚇怕了，不肯輕易「上鉤」。唯有時任英華達南京總經理的張峰，在雷總第一次和他談「做高品質手機，用成本價銷售」時，一下子就認可了這個想法，英華達因此成為小米手機的「發源地」。

基於這樣的淵源，雷總想做行動電源，想到的第一個人是張峰；德哥也覺得最合適的人莫過於張峰：第一，張峰在台灣企業當了十幾年的總經理，一個大陸人在台灣企業裡做到總經理職位這是非常不容易的，這說明這個人的 EQ 很高。第二，他在這個產業裡待了這麼多年，對供應鏈非常熟悉。第三，他是研發工程師出身，又能做研發，又能做生產，又能做供應鏈，人還仗義，幫過我們忙，是再合適不過的人選。於是生態鏈有了紫米這家公司。

1MORE 的謝冠宏曾是富士康事業群最年輕的總經理，是 Kindle 的事業單位主負責人，到了二〇一二年，小米與富士康談合作時，謝冠宏是富士康公司裡最支持小米的人之一，雷總帶團隊在臺灣與富士康洽談時，他常常與雷總聊到半夜兩三點，他們對於產業的很多認知一致，英雄所見略同，惺惺相惜。

　　後來謝冠宏因為一次烏龍事件從富士康離職，之後在香港，恰好雷總也去香港出差，第一時間找到他，說：「無論你做什麼，我都投資。」謝冠宏開玩笑地問：「我做卡拉OK，你投（資）嗎？」雷總說：「只要是你做，卡拉OK我也投（資）。」當然，他們沒做卡拉OK，而是一起做了耳機，自此有了1MORE萬魔耳機。

　　智米的蘇峻，是德哥以前在大學當老師時的老朋友、老搭檔，兩人合作過很多設計項目，當我們做空氣淨化器找不到團隊的時候，德哥就從電話本裡把蘇峻翻了出來；創米的范海濤，來自龍旗集團，龍旗是紅米的主要生產商，與小米相互熟悉；華米的黃汪，與孫鵬同樣畢業於中國科學技術大學，是孫鵬在校友資源裡挖出來的一員猛將……。

　　所以小米生態鏈早期，就是一個熟面孔的圈子。雷總、德哥他們把過往幾十年累積的人脈一點點找來做生態鏈，形成了大咖雲集的生態鏈早期圖譜。

情投意合、三觀一致

　　為什麼找熟人？其實道理很簡單，在中國社會的當下，商業領域內，人與人之間是缺乏信任的。啟用熟人是創業狀態下最有成效的一種方式，大家相互熟悉，有信任基礎，溝通順暢。

　　但將所有人凝聚在一起的最核心的一點，其實是價值觀一致。這件事就好像找老婆一樣，情投意合、三觀一致[17]才能真的在一起好好生活。所以，隨著投資領域的拓寬、速度的加快，當

---

[17] 世界觀、人生觀、價值觀一致。

熟人圈不再能滿足生態鏈發展需求時，我們對外選擇團隊時，著重的基礎就是人可靠，價值觀一致。

生態鏈是一個大聯盟，裡面有幾十家公司、上萬名員工，如果底層員工的價值觀不能保持一致，那麼這些獨立的公司是無法結合成聯盟的。所以，投資前選擇有「共同價值觀的人」是最重要的因素。情投意合、三觀一致，以後又有共同的利益，大家才能真正在一起合作。

那麼小米生態鏈的價值觀是什麼？

1. 不賺快錢；
2. 立志做最好的產品；
3. 追求產品的高性價比；
4. 堅信網路模式是先進的；
5. 提升效率，改造傳統行業。

價值觀一致，「結婚」之後自然就過渡到利益一致、目標一致，有時會產生一些分歧，但在一致的目標下，雙方仍會向一個方向努力。

拒絕貪念

在找人的過程中，有一類人我們堅決不碰——有貪念的人。有的人創業，希望快速融資、快速擴大規模、快速上市套現，賺快錢。我們在接觸創業公司的時候，一聊天就能知道創業者抱著什麼樣的目的，很容易發現這類希望做短線的、有貪念的人。這類人再優秀、再權威，也堅決不合作。

　　生態鏈上的創業者，不少創辦人都是已經解決了溫飽的二次創業者，而不是一窮二白的小年輕[18]。他們或者已經創業成功賺到第一桶金，或是已經在過去的職位上做出了突出成績，取得了一定的經濟地位和社會地位，具有豐富的社會經驗，有一定的人脈關係。這與雷總創辦小米時的狀況有點相似，當時的雷總已經獲得財務自由，再創業是為了圓一個夢，理想會更多一些。做事不能光想著當下要賺多少錢，不去做短線生意。

　　當然，還有一些技術派的理想主義者，創業並不單純地為了收益，而是自己真正的興趣和愛好所在，發自內心希望用技術改變生活。在小米內部，也聚集了大批這樣的「技術癡」，這也是價值觀一致的一種呈現。

　　1MORE的謝冠宏，創業前是富士康的重臣，也是小米生態鏈上最為資深的創業者之一。「像新國貨，和雷總的這些專注、極致、口碑、快，不光只是嘴巴講講，真的是耳提面命。」他說道，「市場在變，競爭在變，用戶的習慣在變。我們要做的就是在變化中尋找不變的用戶價值：堅持高品質、低毛利，最少環節和最高效率，提供給消費者買得起的、具備好品質的產品。」

　　在企業奔跑的過程中，我們也會時時提醒大家要拒絕貪念。因為在企業奔跑的過程中，我們會發現很多機會。這可以賺幾百萬，那可以賺一千萬，我們都會提醒大家，把精力放在核心產品和核心業務上，不要為其他誘惑所動。

---

[18] 經驗不多、年紀尚輕的年輕人。

可靠，就是超強的執行力

我們選人的時候，常常會說要先找「可靠」的人，但如何判斷一個團隊是可靠的呢？比如，這個團隊的過去能夠證明他的能力，曾經創業成功過，或是在某個領域非常突出。團隊的領導者有良好的溝通能力，彼此聊天能夠互相理解，並且能充分地理解彼此的建議，反向與小米互相促進。如果雙方說了半天，他回去又把說的忘了，又得再三強調，這就沒有效率了。你說一句，我馬上舉一反三、迅速行動，這就會非常有效率。

除了溝通，還有一個非常重要的因素，就是，這個團隊還必須是一支執行力超強的團隊。

什麼叫執行力超強？比如 YeeLight 創辦人姜兆寧，它們的創始團隊大多是做通訊和軟體出身，當它們進入小米生態鏈、鎖定照明這個市場之後，它們急需照明領域的專家加盟。這真的非常不容易，YeeLight 那時只是幾個人的創業團隊，你就要找來全球頂級專家幫忙，誰知道你是誰啊？但姜兆寧就是憑著一股執著，在一年之內，飛行了二十五萬公里，拜訪美國、德國、日本等最著名的照明企業專家，最終聘請到幾位全世界的頂級專家作為 YeeLight 的顧問。

純米的創辦人楊華為了做電子鍋，查遍了全球與電子鍋相關的專利，最後將目標鎖定在日本多項核心專利發明人——內藤毅身上。楊華團隊第一次去日本拜訪內藤毅的時候，就像是小學生站在教授面前，因為對電子鍋不了解，內藤毅根本不相信這幾個人會真的做電子鍋。回來之後，楊華團隊瘋狂補課，短時間內就成為電子鍋領域的專家。第二次再去日本與內藤毅交流的時候，

對於做好電子鍋已經有了深入的認知和一套完整的想法，這讓內藤毅感到非常意外，也感受到了他們想做好一口鍋的決心。最終這位六十五歲的老專家，被楊華團隊的精神所打動，加入這個創業的團隊。

華米是從智慧手環起步，可穿戴設備一定要與時尚元素相結合，所以黃汪從一開始就執著於要找到全球頂級的ID設計師。於澎濤跟德哥、李寧寧一樣，畢業於Art Center，做過Nest全系列產品，曾經四次獲得IDEA（Industrial Design Excellence Award，工業設計優秀獎）國際設計獎。黃汪想請於澎濤加盟，但於澎濤偏偏不想回國，想留在美國工作。黃汪索性在矽谷設立辦公室，請於澎濤加入，順便把中國科學技術大學在矽谷的科學家全招了進來（黃汪畢業於中科大）。因為於澎濤而設立的矽谷辦公室，後來成為華米的人才寶庫，那裡彙集了一批在矽谷的優秀華人。

在我們看來，執行力不需要什麼專業性，而是一定要做成這件事的決心，如果做不到公司就倒了，必須有這樣的執著。雖然有生態鏈作為支撐，但我們也絕不允許任何一家創業公司做「富二代」，端著架子，靠平臺的紅利生存。

所以，投資什麼人對我們來說，和結婚一樣，判斷他「是否可靠」一定有很多個維度[19]，但價值觀一致只有一個維度，沒有價值觀一致的基礎，多厲害的團隊，也做不到真的在一起。

---

[19] 各種維度意指各個面向、各個角度。

第四節　全民持股，幫忙不添亂

一個生態鏈的建立，如果沒有機制，是不可能維繫的。

其實很多公司有了一定規模之後，通常都會選擇透過產業資本對行業內相關的企業進行投資、收購，或者是透過戰略合作來進行擴張。

關於收購，我們看到過很多失敗的案例：因為收購之後，被收購方就失去了獨立性，變成大公司的一個部門，於是失去了獨立發展的欲望，開始變得平庸無為。被收購前是一匹獨狼，拼命地往前跑；一旦被收購，創業成果被兌現，生活無憂，財務自由，不再是為自己工作，也就沒了動力。

而戰略合作的形式，我們也不認為是一條最佳的路徑。戰略合作的形式過於鬆散，而且大多是階段性的利益一致，很可能就是一次性的交易。這種合作的信任成本極高，把大量的時間浪費在設置合作條款、相互防範的措施上，很難一心把事情做好。

所以，我們選擇了一種特殊的「投資＋孵化」模式。我們的機制與以往的投資機構或是孵化器略有不同。

機制對了，跑起來拉都拉不住

一個公司創業之初，最需要解決的就是激勵機制。一個生態之初，最應該考慮的，也是如此。

大家都知道，小米早期，就是全民持股制。全民持股的好處是，個人與企業的利益具有一致性。這是非常微妙的關係。如果不是股東，只是打工的，遇到困難就很容易放棄，或者因為一些

小事就會離開公司。創業當然不是一帆風順的，如果是股東，再艱苦、再挑戰的時刻，會閃過一個「萬一成功了呢？」的念頭，就不會放棄、不會退縮，繼續瘋狂地往前跑。

這幾年，外界看到小米的發展速度，但外界一定看不到我們付出了多少。小米創業初期，是6×12小時工作制，一般企業是5×8小時工作制，簡單加減法就能理解，為什麼我們用三年跑完別人八、九年才走完的路。

6×12小時只是底線，多數員工的工作時間都是高於這條線的。雷總更是模範勞工，經常是凌晨才離開辦公室，而第二天早上九點又會準時出現，哪怕是凌晨五點離開的，九點鐘你還是會在辦公室看到他。

一個正確的機制建立之後，整個隊伍跑起來拉都拉不住。所以我們做生態鏈的時候，立下的第一個機制，就是投資不控股，保證生態鏈創業團隊持絕對的大股，保障他們是為自己打天下，這樣大夥才能步調一致，拼命往前衝。

現在生態鏈上的七十七家企業的人員，與小米最初的狀態非常像，不需要我們去監督，他們比我們還著急，天天催著我們。前兩年生態鏈跑得太快，獲得了一些成績，問題也逐漸浮出檯面。我們在二〇一六年甚至開了兩次減速會，讓大家稍稍放慢一點節奏。當然，這時候可以放緩一點點，是因為我們已經具備了先鋒性[20]，已經在一些領域站穩腳跟，所以才可以有緩衝的時間來做一些思考和調整。

---

[20] 由技術或是模式的領先性帶來的勢能就是先鋒性，詳見上篇第三章。

只有建議權，沒有決策權

當然，小米對生態鏈公司不僅僅是投資，更重要的是，我們從各種維度上幫助生態鏈公司複製小米模式，打造傑出的產品。那麼這種幫忙的界限在哪裡？

最初的紅線是，對於生態鏈公司，小米只有建議權，沒有決策權，從不謀求控制。只幫忙，不添亂，是我們的行動準則。我們在合作中也會時刻提醒自己：不要越線。甚至有時候我們覺得自己的建議更正確，但如果他們不採用，我們也還是會尊重他們自己的選擇。

其實，占股不控股，是因為我們從一開始就沒想把這些企業拴死、管死。大家目標一致，價值觀一致，一起來到賽道上，隨便你穿什麼服裝、用什麼姿勢跑到終點。

在賽跑中，每個選手都會有自己喜歡的運動服，也有自己認為舒服的姿勢，出現意見分歧很正常。德哥認為，隨著選手各自的發展，未來會逐漸演變出不同的流派，我們沒必要強求細節，在發展中求同存異。

現在智慧硬體還處於發展初期，以占領市場、成長為主要目的，出現問題再解決問題，不能因為出現異議就停滯不前。「目標一致，即使跑偏，又能偏到哪兒去呢？」

生態鏈公司最終的成功，是每一家生態鏈企業都具備自我存活能力，各自拓展規模、穩健成長，而不是長久依賴於小米的平臺。

正如 1MORE 推出了自有品牌的旗艦三單元圈鐵耳機，紫米也推出了自有品牌的行動電源，很多小米生態鏈企業其實都有著

屬於自己的品牌夢。我們也認同，在大家做好產品基本盤的基礎
上，做更多的嘗試和擴張，並沒有問題。

　　二〇一四年小米手環上市，成為小米生態鏈的代表作。在手
環之後，華米與李寧品牌聯合研發了智慧跑鞋，全面探索可穿戴
設備的市場。後來又推出自有品牌的新品手環Amazfit，跳出小
米的主流用戶群，開闢高端市場，並邀請著名演員高圓圓代言。
Amazfit定價人民幣兩百九十九元（約合新台幣一千三百元），
這個價格是之前小米手環（人民幣七十九元）的四倍，用意很明
顯，是要在之前的用戶群之外開闢更高端的用戶市場。

　　華米的創辦人黃汪跟雷總一樣，是一個內心有著遠大夢想
的人。在一系列硬體推出之後，華米的App（手機軟體、應用程
式）與網路服務也慢慢跟上來，來自服務的收入快速成長。

　　從Amazfit品牌的發布，外界就認為這是華米獨立的信號。
德哥認為，雖然華米在戰略上與我們的想法有一點點落差，但這
是很正常的事。「一個公司成長後會有很多種路徑可走，無論華
米選擇哪種，只要成長得很好，作為股東的小米都是受益者。」

　　納恩博也是另一個非常成功的案例。在收購了Segway（賽
格威，體感車、平衡車）之後，公司一下子成為這個領域內全球
排名第一的企業，這使得納恩博可想像的空間也更加廣闊。納恩
博的下一個規劃，是對Segway進行品類拓展，從高端私人交通
延伸到機器人領域，和納恩博品牌一起擴充為一家綜合的科技公
司，並且與國際晶片巨頭英特爾進行深度合作，共同推出了一款
機器人。目前納恩博的首要業務是創新短途交通，接下來會跟一
些全球性企業合作研發家事機器人。

　　由於小米的協助推動，納恩博成功收購全球電動平衡車鼻祖 Segway 後，也擁有了平衡車的全部核心專利，同時接收了 Segway 在全球的市場。這樣的起點，是站在小米的肩膀上，又完成了縱身一躍。納恩博現在已經將全球第一作為自己的目標，繼續發揮 Segway 品牌的影響力，擴大全球市場份額，同時也會逐步減少對小米平臺的依賴性，強化自身各方面能力。

　　作為小米平臺的受益者，Yeelight 的姜兆寧表示：「小米的平臺的確很好，但是關鍵還是要看你團隊自身的能力，小米就像一個火箭的第一級，它能夠快速地將你推離地面達到一定的高度，接下來就是你利用這個慣性來點燃第二乃至第三級火箭的時候了。」

　　Yeelight 並沒有急於考慮自有品牌和單飛，但姜兆寧很清楚，過於依賴小米的平臺效應，其實並不能稱為一家健全的企業。在完成第一級火箭發射之後，生態鏈企業也要盡快完善自己的各方面能力。

　　「遲早要做自有品牌，要不然這個局解不開。每家都要有自己的活力，不能長久依賴小米，成為小米的包袱公司。」這是純米楊華的想法。

　　顯然，他們的思考代表了絕大多數生態鏈創業者的想法，創建自有品牌是邁出成功第一步之後一定要做的事情。但什麼時候跳出小米，以什麼方式跳出，是需要思考與再定位的。擺在這些創業者面前的問題是重新思索和界定與小米的關係，這將帶來潛在的不穩定性。

　　這些公司在小米的協助下取得了第一階段領先優勢之後，根本沒有時間停下來回頭看，接下來的重點就是要趕緊發展自身實

力，建立自己的品牌、管道，逐步發展成為一個完整的公司——
這是創業者的想法，也是其他股東的意願。畢竟，小米只是股東
之一，在多數公司裡所占的比例很低。未來，這些創業公司還要
面臨B輪、C輪、D輪[21]的融資，不可能永遠依附於小米。

　　小米生態鏈的這套保障機制，讓我們對企業的心態非常開
放。因為機制對小米是雙重的利益保障：無論是你做一個非常成
功的小米品牌產品，還是獨立成長領先，小米都將是受益者。如
果有一天公司規模比小米還大，我們作為股東也將享受巨大的投
資回報。從長期看，生態鏈公司成功就是小米成功。機制設定合
理，你會發現，它們選擇走什麼樣的路都是好的，只要能做大。

　　總有人問我們，如果這些公司長大了，不聽話怎麼辦？這個
問題，我們從來都不在意。

　　我們孵化公司，初期就是要抱團打仗[22]，大家一起先長大，
未來有各式各樣的機會。這些企業當中，有的可能成為「下一個
小米」或「小小米」，也有可能哪個企業抓住歷史機遇成為「大
小米」，誰能保證未來萬物互聯的時代，家電領域不會出現一個
新的巨型公司呢？真的不用想太遠，我們要做的就是用全新的方
式組隊，幫助它們先把第一仗打贏，先跑起來，未來是它們自己
的事情。其實對於這一點，我們的心態非常好。

---

[21]　B輪融資：A輪融資後的第二輪融資，商業模式被驗證，開始盈利，需要推
　　出新業務、拓展領域。C輪融資：商業模式成熟、在行業內有主導或領導地
　　位，為上市作準備。不同輪次的融資規模沒有統一標準，額度主要取決於項
　　目所在行業、在業內所處的位置以及成長率等因素。
[22]　合作結盟、團隊作戰。

講真

龍生九子各不同

黃汪　華米科技CEO

　　華米在整個生態鏈裡是成立比較早的，也是爭議比較多的公司之一，自我解剖（剖析）一下。

　　首先，我們覺得華米之所以能跟小米生態鏈走在一起，因為兩個團隊有很多共同的認知和信任，這是從二〇一四年開始大家合作做產品所形成的戰鬥友誼。這種信任是當你處於危險中，然後兄弟們幫你挺過去之後才得到的，所以你內心的感覺是完全不一樣的。

　　所以後來不論是華米跟生態鏈的同事討論問題，或者我跟德哥討論問題的時候，可能都會有一些分歧，但我覺得我們是有一些最基本的價值認同和最基本的信任在的，所以不會有什麼基本層面的問題。

　　龍生九子各有不同，每一家生態鏈最後選擇的路徑、方向和打法，可能都不太一樣。二〇一五年九月份我們發布了自己的品牌。這個事有多種解讀，說華米要單飛了，華米要擺脫小米了。我們看了都覺得很可笑，這其實只是華米對於自己做品牌的一個嘗試。

　　為什麼華米要做品牌呢？其實是團隊的要求，也是我自己想做的事。我說盡好話、招募了很多人，他們自認為還是比較高品質的團隊成員，他們的確不願意做一個ODM式的公司。另外，我們融資了那麼多錢進來，那麼我不花在品牌上，我怎麼花這些

錢呢？所以，這是我花錢的一個方式，打造品牌是在凝聚團隊、供應商，以及在拓展通路方面，必須要做的一件事。

　　但是我要強調，各個公司是不一樣的，這不一定是個好的模範，也有可能做品牌投入很大，產出很小。

　　我們能在生態鏈這個體系內，一定是有共同的價值觀和方法論，才走到一起的，所以我覺得有分歧並不是太大問題。

第五節　集體智慧

　　小米生態鏈是一群工程師在做投資，大家有的是做軟體的，有的是做工業產品設計的，有的是做硬體開發的，每個人的專長都不一樣，各有所長也各有所短。那我們是怎麼做決策的？

由最懂的那個人做決策

　　這裡有一個原則：採用集體智慧。這有點兒像小米公司創業時的「合夥人制度」。

　　創業是高風險行業，九死一生都不止吧？沒有一個人是全才，小米創業初期，是由七個來自不同領域的「頂尖人才」組成團隊的，每個人都有自己極為獨到的一面，形成一個扎實的合夥人班底。

　　「我們幾個合夥人打仗的時候，是每個人拿一把槍，背對背，每個人只負責自己前方最擅長的領域，對身後的兄弟絕對信任，相信每個人肯定能把自己的領域打下來。」德哥這樣形容小

米合夥人之間的關係。

大家從創業到現在，每個人負責一塊，相對獨立，自己分內的事情自己說了算，決策非常有效率。但當你需要別人支援的時候，其他人會隨時組隊配合。

所以組建生態鏈的時候，我們參照了小米的合夥人制度，採用的也是集體智慧。

「我不是多面手[23]，不可能懂所有的東西。」德哥談到集體智慧時說。德哥學的是工業設計專業，在這個領域算是頂尖高手，但是他對技術並不精通。作為領導人，就要發揮自己團隊裡每一個人的特長，把他們的特長排列組合，並不需要自己面面俱到，樣樣精通。

在德哥接到做生態鏈的重任之後，第一個參與到這個項目中來的就是孫鵬。用孫鵬的話說：「德哥需要懂技術的，我就過來幫他唄。」在孫鵬之後，又有了劉新宇、李寧寧、夏勇峰等一個個得力悍將，我們的初期團隊能力開始完善起來。

物聯網雖然是個趨勢，但是未來是什麼樣對於我們來說都是未知的。我們每個人懂的都有限，長處突出，但短處也明顯。這就要求我們必須運用集體智慧。在某一個領域，我們都會讓最了解的那個兄弟去判斷，然後集體決策。我們每個人遇到問題都會集合其他幾個兄弟一起來討論，這種討論很有價值。實際上，在我們的決策過程中，只要有人發出了不一樣的聲音，我們就會對這個決策進行「安檢」，充分發揮集體智慧。

在「集體智慧」的原則下，我們每一個人都可以隨時推開德

---

23 多面手：意指全才。

哥的辦公室，討論問題，沒有嚴格的等級，也沒有所謂的匯報程序。每一個人推開德哥的辦公室，都為了充分表達自己的觀點，在自己擅長的領域保持強而有力的發言權，這有利於集體決策的正確性。

小驕傲與不妥協

其實，生態鏈初期參與到其中的孫鵬、劉新宇、李寧寧、夏勇峰等人，真的都是在各自領域內非常優秀的人才，他們每個人內心都有自己的「小驕傲」，並且對於自己負責的部分有自己的堅持，絕不妥協。

正是因為不妥協，ID總監李寧寧成為生態鏈企業讓人最「怕」的一個「女魔頭」。她對產品的工業設計要求極高，一個產品改上幾百遍，甚至廢掉幾套花費人民幣上百萬元開的模具，都不是什麼新鮮事。在小米生態鏈CEO（執行長）大會上，幾十個業界大老坐在下面，她在臺上演講時，就敢拿著機槍「掃射」各家的產品問題，絲毫不留情面。

作為「槽王」，她現在吐槽最多的就是自己的老闆——德哥：「我跟我老闆經常會有衝突，他現在已經不是純粹的設計師了，他已經變成了九十九％的商人，他需要在設計與商業之間做一個平衡。而我作為一個純粹的設計師，我必須有我的堅持，表明我的立場。」

因為設計問題，李寧寧多次與生態鏈企業僵持不下，最後只好交給德哥去仲裁。這種堅持，正好表現出她在職位上的執著以及集體智慧的凝聚：作為ID設計總監，李寧寧必須對產品外觀負責，在自己的領域內不妥協。德哥作為生態鏈的老大，則會考

慮各方面的平衡，拿出一個最終方案。

　　後來德哥私底下說過，小米的成功和小米生態鏈的成功，就是因為有李寧寧這樣一批在自己專業上堅持到偏執程度的人。不妥協，可以激發出所有的潛能，產品突破了很多以往的設計局限。在產品設計的章節，我們會舉出更多實際的例證。

　　儘管德哥是生態鏈的老大，但他並沒有賦予自己太多的權力，而是先畫一條紅線，他只管宏觀層面問題，所有細節問題他都不過問。老大也不能亂判斷，要讓懂的兄弟發言，這才是集體智慧。德哥作為老大，他最大的優勢就是資源調配能力，可以找到很多優秀的人才加入我們的團隊，成為生態鏈上的「合夥人」。當然，他還能從小米公司內部爭取到很多資源，幫助生態鏈上的企業。

從包產到戶到集體制

　　接下來，再重複檢視一下我們這樣的一個組合型投資團隊的運作模式。生態鏈的計畫是投一百家企業，所以不能讓德哥陷入細節當中，而要讓他總能保持一定的高度來控管整個生態鏈。

　　在生態鏈打造初期，工程師們採用的是一種矩陣管理方式。我們的管理模式是兩根軸，縱軸是每一位工程師，每個人都有自己的專長，橫軸則是企業或是產品。工程師的橫線會穿過每一個生態鏈企業，形成一個平臺角色。也就是說，負責 ID 的工程師會對每個企業的 ID 負責，負責市場的工程師就要負責所有企業的市場運作。但是這個層面中，他們與每個企業的交叉處是一個虛圈，同時他們每個人也會以產品經理的角色專門負責幾個企業，這幾個企業與相對應的工程師的交叉處就是實圈了。

　　一開始我們用這樣矩陣式的管理，保證所有人都有產品經理的角色，也有平臺負責人的角色，這樣既可以做到集體決策，又可以快速又有效率地解決現實中遇到的問題。

　　那個時候的管理有些像「個體戶」經營，每個產品經理負責一、兩家或是三、四家企業的主打產品，他對這個公司、這個產品要全權負責，這個產品的成敗與他個人的榮譽相關。他有不懂的方面，或者需要別人幫助的，就會找平臺上其他工程師協同作戰。不能否認，創業初期，個體戶經營的方式效率非常高。

　　在第一年，我們放任這些生態鏈公司野蠻生長，除了抓好產品定義和產品品質，我們會讓它們沒有束縛地快跑。跑了一年多以後，我們也掌握了一些門道，開始慢慢地進行精細化管理。當我們奔跑到兩年以後，生態鏈的整體營業額已經達到人民幣三十億元（約合新台幣一百三十五億元）以上，隨著發布的產品越來越多，暴露出來的問題也越來越多。這時候，我們把管理的模式改為「集體制」，這個變化發生在二〇一六年年初。

　　這個變化有點兒像中國農村的演進過程，從包產到戶過渡到集體制。目前我們整個生態鏈團隊已經超過兩百人，在工作中慢慢形成了ID設計、集中採購、品質控制、智慧家庭等按功能劃分的平行支撐部門，還有幾十個投資人的角色。現在這些投資人是分組管理，每一個組對應若干個公司、若干個產品。採用這種做法的原因是，以前一家公司都是由一個產品經理全權負責，如果他一個人出錯，整件事就會錯，存在一定風險。這種早期為了高效率運作而採用的方式並不適合後期的發展，於是我們用一個產品經理組來管理一個公司組，這種管理方法也充滿了樂趣，同樣還展現了集體智慧。

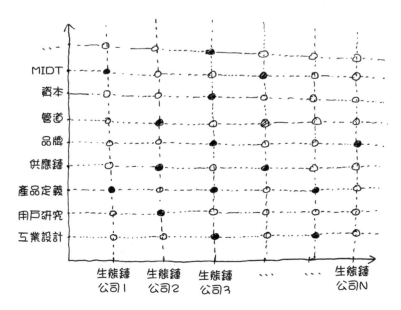

小米生態鏈對生態鏈公司的矩陣支持

　　管理模式上的第二個變化，是共同負責制。生態鏈企業建立初期是由小米的一位產品經理對生態鏈公司全權負責，但是有時候小米的利益和生態鏈企業的利益並不完全一致。為了達到平衡，從二〇一六年開始，我們分配給每家生態鏈公司兩個人：一個叫公司負責人，一個叫產品經理，這兩個人共同負責一家公司。公司負責人考慮問題的出發點是生態鏈中這家公司的利益，他對被孵化的公司負責；而產品經理考慮問題的出發點是小米的長遠利益，他對小米負責。這種角色定位會讓他們有時候產生意見分歧，那就直接PK（player killing，對決），看誰能說服誰。這就是分權和博弈，感覺是不是有點兒像議會制度？

　　在生態鏈往前發展的過程中，管理上的挑戰也不斷出現。當

我們把產品經理分組後，還是會有二十幾個人直接向德哥匯報。此外，生態鏈上的七十七家公司CEO也是直接向德哥匯報，德哥的管理範圍太大。我們希望管理儘量扁平化，但現在向德哥直接匯報的人還有近百位。因此我們還在尋找更好、更有效率的管理方式，這也是在奔跑中的進化。

第六節　生態賦能

　　小米六年的仗打下來，我們到底得到了什麼？我們內部深入地探討過這個問題，所謂的四百五十億美元（約合新台幣一兆三千五百億元）估值，每年到底賺不賺錢，這都不是我們真正在乎的，我們想要的是這幾個：

　　第一，我們得到了一支隊伍。這支隊伍打了六年艱苦的仗，培養了一群優秀的人，我們用六年時間鍛鍊出這個隊伍。它有太多的經驗和教訓，這是我們很大的一筆財富。

　　第二，有熱度的品牌。在這個資訊爆炸熱點分散的時代，一個品牌被持續關注、有熱度非常重要。

　　第三，用戶群。我們累積了一億八千萬到兩億的活躍用戶，不僅多，而且很整齊，他們大多數是十七到三十五歲的理工男，活躍度很高，有一致的價值觀。在過去的兩年裡，我們發現用戶群在擴增，四十五歲以下的用戶開始加入進來，年齡層在擴大，另外女性用戶數量也在增加。

　　第四，電商平臺。小米電商我們覺得非常有趣，全世界任何

一個電商，幾乎無一例外都是燒錢燒出來的，但是小米在過去的幾年裡沒有燒過錢。就用了一筆錢做了一款手機，在推廣手機的過程中帶起了一個電商平臺，這是非常重要的一點，我們投資了一份錢做了兩件事：小米手機和小米網。這是一個有強大網路動員能力的電商平臺。在外媒的報導中，小米是中國前四大的電商平臺。

第五，供應鏈能力。當一家硬體公司營業額在百億人民幣（約合新台幣四百六十億元）左右的時候，基本上全球的3C（中國強制性產品認證制度）製造供應鏈體系都為你所用，我們把成本控制得非常好。小米做手環之前，手環價格在人民幣五百到八百元間（約合新台幣兩千三百到三千六百元間），進口的在八百到一千五百元間，那時候我們的目標是把手環的零售價控制在人民幣一百元（約合新台幣四百五十元）以內。我們做到了，第一年就賣了一千兩百萬隻。

第六，資本。這幾年小米獲得資本界非常強大的支援和關注。

第七，信譽。無論是對消費端還是對產業端，小米建立了穩健的信譽。

第八，我們總結了一套怎麼做產品的方法論。

第九，社會的關注度。與熱度相似，但又和品牌的熱度略有不同，小米是一個被媒體高度關注的公司。

這六年，我們大概積累了這九點的收穫，我們把這些資源全部拿出來作為平臺資源，幫助小米投資的這些生態鏈公司，讓這些公司能夠專注在某個領域，迅速成長。我們就是這樣來批量製造公司的。

點石成金

　　二〇一二年，姜兆寧離開朗訊科技青島研發中心，從工程師變身為一個草根創業者。讓他和小夥伴們沒想到的是，草根創業之路如此艱難，公司曾兩度瀕臨生死邊緣。後來遇到孫鵬和德哥，Yeelight成為小米生態鏈上一家點石成金的企業。

　　Yeelight第一次創業，團隊憑藉自己在電訊行業的技術積累，開發出一個平臺和一套工具，給製造企業提供一個「連接」的解決方案。這個解決方案在當年被極客公園評為「全國年度三十創新項目」之一。技術沒有問題，但推廣起來非常困難。Yeelight是一家工程師主導的技術企業，商務談判能力非常弱。在跟海爾、海信這樣的企業進行商業洽談的時候，根本找不到門路。他們找了很多人，大家都說這個方案很好，但就是沒有人決定跟他們合作。

　　到二〇一二年年底，一百多萬創業資金幾近枯竭，十幾個人的公司，小小的辦公室裡充滿挫敗感，草根創業太難，只有好的產品，沒有人脈、管道，根本打不開市場。

　　轉眼過完春節，矽谷的又一個風口吹起：智慧硬體。中國境內也有一些投資開始關注這個領域，但草根創業還沒有起來，位於青島的Yeelight，屬於完全被忽視的一個群體。沒辦法，姜兆寧飛到美國去找投資。老外看好Yeelight的技術背景，認可智慧硬體的潮流。那一趟，姜兆寧拿回來十二萬五千美元（約合新台幣三百七十五萬元）投資，公司開始轉型做硬體。

　　沒想到，智慧硬體是一個更大的坑！Yeelight這種草根創業的公司，規模小，資金不足，沒有能力獨立開模，只好用公版，

出來的產品跟別人一樣；大的製造商不接它們的小單子，能找到的製造商都是實力比較差的；完全沒有硬體經驗，品管問題頻出，有些產品賣得不多，召回不少……。

　　Yeelight 的創始團隊都是技術出身，只能解決產品研發的設計環節。一個產品從最初的想法最終到消費者手中，要經過很多環節，他們完全沒有能力控制整個鏈條，比如 ID 設計、結構研發、供應鏈、品管、銷售能力，都不具備。那一次，他們親身體會到了做硬體之難。

　　到了二〇一三年年底，公司再次陷入困境，當時姜兆寧感覺，真的快撐不住了，內心也出現了動搖。

　　二〇一四年風向大變，智慧硬體風口吹到中國。姜兆寧坐在辦公室裡接待了好幾批投資人，包括百度、阿里巴巴、聯想這樣的國內行業巨頭，先後拿到好幾個 offer，選擇權在 Yeelight 手上。在生死邊緣掙扎過兩次，姜兆寧篤定，選擇投資方的標準不是錢，而是誰能全方位地幫助 Yeelight。

　　第一次見到德哥，德哥對姜兆寧說：「咱們一起，用小米模式顛覆照明產業吧！」

　　姜兆寧回憶，坐在德哥的對面，他覺得這人也太能忽悠（唬弄人）了。那時候，小米只能算是不錯的手機企業，算不上巨頭吧？輕易就敢說顛覆？他對顛覆論不太相信，但比起其他幾個投資方，小米是一定能給 Yeelight 帶來流量的，能幫它們賣東西。小米雖然給的錢並不多，但他們最後還是選擇了小米。

　　於是，李寧寧全程參與設計，孫鵬說明定義產品，小米做供應商背書，幫 Yeelight 打通供應鏈。Yeelight 的產品做出來之後，上了小米正式的發布會，並且在小米網上向兩億米粉銷售。

與小米合作的第一款智慧燈泡在二〇一四年年底上市，一天之內賣出了四萬個。而之前同樣概念的智慧燈泡，在京東商城上一個月只賣五百個。姜兆寧完全被震驚了，米粉太瘋狂了！

二〇一五年的智能床頭燈、二〇一六年的LED（發光二極體）燈相繼發布，都大獲成功。Yeelight在短短兩年時間裡，成長為小米生態鏈上非常強悍的一支隊伍，在國內也算得上是照明領域專家型的公司了。雖然當初德哥所說的「顛覆中國照明產業」的願望還沒有實現，但姜兆寧現在感覺這事值得相信了。

迅速成為行業第一或第二

小米生態鏈的作用就是要做企業的放大器[24]，讓生態鏈上這些名不見經傳的小公司迅速脫穎而出，在新興領域用一到兩年時間就達到成熟狀態，成為行業的第一或第二，並且加速傳統市場的新陳代謝。小米生態鏈投資就是由小米輸出做產品的價值觀、方法論和已有的資源，包括電商平臺、行銷團隊、品牌等，圍繞自己建立起一支航母艦隊。每一個生態鏈企業就是小米的特種兵小分隊，它們在自己的專業領域有深刻的研究，團隊背後有小米這樣的航母支持，讓其在專業領域快速地利用一年時間便擁有絕對的領先優勢，所以這是軍事理論指導的小米生態鏈打法。

以騎記這家公司為例，它們的產品是小米電助力自行車（電動自行車）。我們投資的時候這家公司只有一個人，而且他並不懂自行車，他是做騎行俱樂部出身的。我們當時目標很明確，想做一款好的自行車。他在做俱樂部期間，有非常好的人脈，認同

---

[24] 可發揮擴大價值的作用。

小米的價值觀，並且做事非常執著。我們認同這樣的人可以成功，於是提供他資金，幫助他建立團隊，一切從零開始。

另一個典型的例子是智米。二〇一三年我們意識到空氣淨化器是一個巨大的市場，看了二十多個創業團隊，沒有合適的投資對象。在二〇一四年年初，德哥從自己的電話簿裡「翻」出老朋友蘇峻，這個工業設計專長的大學老師，隨後在小米的辦公室裡開始了創業之旅，從「一個人」開始孵化，我們幫他找高端人才，打通供應鏈，設計產品並把關產品品質，甚至連我們生態鏈早期的「重臣」——余安兵都直接進入智米工作，與蘇峻一起成為聯合創辦人。

這樣的例子還有很多，我們孵化的團隊，很多在初期都算不上完整意義上的公司，就是一、兩個人。小米給他們賦能，他們在小米的全面支持下，招兵買馬，聚焦在做出好產品這個關鍵點，最終做出了一款款爆品。

除了已有的資源，我們還不斷搭建更龐大的資源庫，幫助生態鏈企業。二〇一六年，米籌上線，小米與新希望集團成立的銀行開始運行，這可以幫助它們解決發展中「錢」的瓶頸問題，即使是在資本寒冬裡，也能源源不斷地獲得發展的本錢；供應鏈上七十七家企業的集中採購開始試行，當七十七家企業一起跟上游供應商談價格的時候，我們可以拿到最好的價格，供應商則可以透過規模化獲利，實現共贏；國際分銷團隊開始幫助大家拓展國際市場，每個國家的法律不同，消費特徵不同，文化不同，相關市場都有不同的挑戰，小米的品牌可以是生態鏈企業在各個國家拓展的有力背書，同時還可以幫助它們更快速地拓展當地市場；線下的小米之家在二〇一六年進入規模擴展階段，所有兄弟

企業又一起走向線下，以米家的品牌身分進入更多消費者家庭中⋯⋯。

透過小米生態鏈平臺，我們賦予了生態鏈企業更多的能量，為其繼續輸送養分。一切都是為了提高生態鏈公司的效率，幫助它們快速成長。

第二章
竹林效應

傳統企業的發展像松樹，用百年才能成長起來。網路環境下的企業像竹筍，一夜春雨，就都長起來了。

小米生態鏈是「投資＋孵化」模式，我們比傳統的孵化器功能更多，與被孵化企業的關係也更密切。

小米對生態鏈的公司來說，扮演著多種角色：投資人、孵化器、品質檢驗員、設計師、售後服務站……。小米生態鏈模式更像是一片竹林，小米透過竹林發達的根系，向生態鏈企業輸送各種養分，而這片竹林中的竹子，又透過地下根系交織在一起。

這一片竹林是如何繁衍的？竹筍與根系之間是什麼關係？每一根竹子之間又是什麼關係？

小米生態鏈的三年，快速奔跑，布局初定。所以，這是關於「關係」的一章，關於一個企業集群的關係，關於小米生態鏈既成的微妙又特殊的生態關係。

第一節　竹林生態優於百年松樹

在小米成立三、四年的時候，很多人有一個疑問：小米這家公司，是不是成長得太快了？任何一個公司如果長這麼快的話，會不會太危險，會不會不健康？

網路時代創業就像雨後春筍

傳統的企業從初創到成功，往往需要十年、二十年甚至更長時間。所謂百年老店、基業長青，似乎是對傳統企業成功的一種界定方式。這樣的企業更像一棵百年松樹，枝葉繁茂而且四季長青。但如果有一天突然遭受意外打擊，或是外部環境有些風吹草動，就會轟然倒塌，沒有轉圜的餘地。

我們研究歷史時會發現，明朝就像一棵松樹，當時很繁榮，在全球都是經濟、政治領先的國度，但遇到外侵，一下就垮了。松樹型公司，遇到巨大困難的時候，就會轟然倒下。

再看看公司發展史，早年的AT&T（美國電話電報公司）獨領風騷七十年，沒有人能挑戰它，後來IBM（國際商業機器公司）超過了它，二十多年後，微軟上來了，十年後，谷歌上來了，四年後，就是Facebook（臉書）。

過去企業存活一百年，很正常，但隨著技術的進步，企業的壽命也越來越短。從傳統的手工業進入IT（Information Technology，資訊科技）時代，企業的平均壽命只有十年；而到互聯網（網路）時代，平均壽命只有四年；這幾年移動互聯網發展起來後，App公司的平均壽命只有一年。

這雖然並不是一個嚴謹的統計資料，但是業界公認的一個邏輯是，企業的平均壽命越來越短。這裡面有兩個原因：一是技術進步，導致顛覆性、革命性產品出現的頻率在加快；二是創業的基數越來越大，但創業成功的機率越來越低。

我們看到，在網路時代，通常是兩、三年就會有一波新的企業冒出來。新創企業更像竹子，一夜春雨後竹筍就紛紛鑽出地面，每一個概念都會引發一波創業熱潮。就像團購概念在美國蓬勃發展起來之後，中國有了「千團大戰」；視頻時代在半年之內誕生了幾千家新創企業；O2O（Online To Offline，線上對應到線下實體）時代正好與創業熱潮相重合，千奇百怪的創業項目一夜之間紛紛鑽出地面，開始了各種「燒錢運動」；二〇一六年是直播元年，僅上半年就有近千家企業參與其中……。但無論哪一波熱潮，最後經過市場的洗禮，能剩下的都不會太多，真是「剩者為王」啊。

在網路環境下的企業，就像竹筍，一夜春雨，就都長起來了。如果根系養分充足，這棵竹筍很快就能成為一個中等規模的公司。

用尋找竹筍的方式做投資

但竹子面臨的最大痛苦是什麼呢？竹子的生命週期比較短，所以單獨一棵竹子是無法長期生存的。我們在自然環境裡看不到一棵竹子，看到的竹子一定已組成了成片的竹林。

一棵竹子的成長週期可以大致劃分為地下竹筍期、地上幼竹期、成竹期、衰退期。地下竹筍期的竹子主要是根系的瘋狂發育。而一旦鑽出地面，就進入地上幼竹期，這個階段的竹筍之所

以能夠快速瘋長，所有的生長動力都來自地下四通八達的根系，發達的根系可以在很深很廣的地下，不斷獲取生長所需要的營養及水分。因為根系發達，從幼竹到成竹是一個極短的過程。然後是漫長的成竹期，而後衰退。單棵竹子的生命週期結束了，可是根系卻越來越發達，所以不斷地有新的竹筍鑽出地面。

在網路時代，時不時地冒出幾棵竹子並不稀奇，這幾年「獨角獸」公司頻出就是佐證。但是有些獨角獸就像是一棵孤立的竹子，如果沒有生長在竹林當中，沒有強大而發達的根系，就不能進行新陳代謝，企業很容易大起大落，短時間就進入衰退期。近年來，獨角獸裁員、衰落、倒閉的例子屢見不鮮。這也告訴我們，在網路時代，很難有企業完全獨立地生存，到萬物互聯時代，市場競爭更是生態鏈之間的競爭。這種生態鏈之間的競爭態勢，不是看地上能冒出多少竹子，而是看地下的根系有多麼發達。

任何市場或是產品的衰退期都是不可避免的，但是竹林憑藉強大的根系，不斷新陳代謝，長出新的竹子，同時根系也不斷向外延伸，慢慢拓展到更多的區域中去。

我們今天的生態鏈，就是用投資的方式來尋找我們的竹筍，然後把整個生態鏈公司變成一片竹林，生態鏈內部實現新陳代謝，不斷地有新的竹筍冒出來，一些老了的竹子死掉也沒關係，因為竹林的根部非常發達，能夠不斷地催生新的竹筍。這就是小米的竹林效應。

對於創業團隊而言，這些營養和水分，就是小米可以提供的：龐大的用戶群、充足的資金支援、相對成熟的產品方法論，以及強大的供應鏈資源。被小米投資後，幼竹生長速度會非常

快，短時間內進入成熟期，這就是一個個爆款[25]產品的誕生過程。

爆款產品的形成也意味著公司可以順利度過初創期，打下基本盤，成為一家中等規模的公司，但這並不意味著你就安全了。任何一個產品都有生命週期，再熱門的爆款在網路時代也就只有兩、三年的優勢，必須要有新的產品來迭代。我們生態鏈上的創業公司在這個過程中，一邊吸收來自小米的營養，一邊鍛鍊自己的團隊，強身健體，累積實力。同時，它們要在根部不斷繁衍和連接，積蓄新的勢能，催生新的竹筍。

智米是小米從零孵化的一家創業公司，第一個爆款就是小米空氣淨化器。公司從蘇峻一個創辦人開始，一邊做淨化器一邊建立團隊，透過第一款產品鍛鍊了隊伍，一家創業公司的雛形慢慢形成。小米空氣淨化器這個產品，就如同破土而出的竹筍，透過淨化器這場戰役，它們釐清了整個產品的流程和供應鏈，並成為空氣淨化技術專家，還網羅了眾多這個領域內的頂尖人才。

未來智米會將這種能力不斷拓展，目標是做一家智慧環境電器公司。畢竟，淨化器產品不會是永遠的爆款品類，但累積了能力、技術和資金的智米，還可以開拓電風扇、加濕器等領域，所有與家庭環境相關的產品未來都將成長為新的竹筍。

紫米公司推出的小米行動電源也是一個爆款，甚至重新定義了行動電源這個行業。小米行動電源的設計幾乎做到了最優

---

[25] 「爆款」一詞來源於電商，指具有話題性且銷量高的某個單品或某類商品，透過打造某個明星商品獲取流量，進而做下一步的購買轉化。爆款的主要價值是協助新創品牌更有效率觸擊到潛在消費者。

解[26]，使得所有相關企業紛紛仿效。這款產品的生命週期可能會長一些，但也不會超過三五年。在打造爆款的過程中，紫米打通了供應鏈，並且成為電源領域的專家，這使得紫米有了更多的想像空間。後來，紫米開始為生態鏈上的其他企業提供電池產品，成為其他企業的供應商，並幫助它們改善電源技術。紫米在吸收小米生態的營養的同時，也在不斷強壯自己的根系，繁衍更多的竹筍。每棵竹子在地下相連，整個生態系統的根系也就更加強大。

所以，在網路時代發展生態，不能再用百年松樹的思維，而是要切換到竹林理論上來。小米生態鏈的投資方式，就是在投資竹筍，當竹筍真正成長為竹林的時候，自然就會變得生生不息。

用竹林理論做一個泛集團公司

再回到我們在生態鏈發展初期進行投資設定的六個圈層，這些圈層之間的企業也有著諸多的關聯性。我們從內向外擴展，不僅催熟一棵棵竹子，更讓它們的根部緊密相連，透過發達的根系在其他區域生長出更多的植株。

我們總結竹林的特點如下：

1. 單點突破快：一夜春雨後，一棵竹筍就破土而出，快速成長為一棵竹子。
2. 根系發達：根系錯綜複雜交織在一起，一方面不斷向外延

---

[26] 原定義為不犧牲任何總目標、各分目標的條件下，技術上能夠達到的最好的解。此處意指在設計和工藝約束條件下最令人滿意的解。

伸，吸收更多的營養，另一方面能夠為竹筍的快速成長提
供豐富的動能。

3. 自我新陳代謝：竹林連成片之後，能夠完成自我新陳代
謝，整片竹林生生不息。

　　當然，也有人問過我們：「竹林生態會不會物種太單一？」
其實大家不必拘泥於文字，正如我們以前都用松樹來形容百年老
店一樣，並不意味著百年老店都是同一個物種，它們只是成長的
方式類似松樹。竹林也只是形容當下網路環境中企業新的成長模
式，也與物種無關。說不定，小米生態鏈透過強大的根系，將來
會繁衍出一個物種豐富的熱帶雨林來。

　　雖然我們開始做生態鏈的時候，並不知道其真正的內涵，如
同面對一個黑盒子。但是做到現在，一些關聯效應開始顯現，企
業與企業之間的化學反應開始出現，當初的黑盒子變成了潘朵拉
的盒子。當我們的生態鏈孵化出七十七家公司之後，我們意識
到，我們是在用竹林理論來建立一個泛集團公司，非常有趣，在
小米之前，還沒有公司嘗試過這種模式。小米向生態鏈公司輸出
資金、價值觀、方法論和產品標準，只有「小米＋小米生態鏈公
司」才是一個完整的小米生態系統。

　　而經過三年的奔跑與打仗，小米生態鏈的模式也漸漸清晰起
來。我們採用這種模式有以下好處：

　　第一，讓專業的團隊做專業的事情，保證每個團隊相對聚
焦，比如這家做行動電源，那家做電子鍋，每家做得很專注，而
且只做一個品類的產品，這樣做出來的產品就容易實現單品爆
款；

　　第二，解決了激勵機制的問題，通常小米跟生態鏈企業的關係是入資不控股，由這些團隊把控公司的主要方向，團隊成員就有充分的積極性，小米內部比喻說這是「蒙古軍團搶糧模式」，看見一座城池，就派一支隊伍去搶，搶下來的軍糧大部分歸這支隊伍所有，這樣的話，大家的積極性很高；

　　第三，小米是網路公司（互聯網公司），網路公司有一個顯著的特徵就是免費，在硬體行業的展現就是低毛利。低毛利產品的好處是透過硬體產品實現海量的使用者導流，整個小米體系如果產品有五十件、一百件的話，每個產品都是導流的入口，這種產品之間的互相促進就能拉來流量，這種模式就能生生不息。

第二節　利益一致，互為價值的放大器

　　三年奔跑，這一片竹林已經粗具規模。在野蠻生長的過程中，小米與生態鏈企業始終保持利益的一致性，而在不同階段，我們又互為價值放大器。看似野蠻生長，實則規則清晰。

航母式支持

　　二〇一三年年底，小米開始做生態鏈時，已是一家飛速成長的公司。那時的小米已發布了五款手機，估值超過一百億美元（約合新台幣三千億元），擁有一億五千萬活躍用戶，並建立了自己的小米電商平臺。二〇一三年的小米，是當時整個網路圈最受矚目的公司，一舉一動都擁有極高的社會關注度。

　　小米對於生態鏈企業，如同是航空母艦，是一支艦隊的核心艦船，也為其他船隻提供補給，並提供空中掩護，同時指揮作戰。小米自身的優勢，可以補給生態鏈企業，比如：

　　品牌支持：小米對生態鏈公司中，符合小米品牌要求，通過小米公司內部測試的產品，開放「米家」和「小米」兩種品牌。其中，對以智慧家居、消費類硬體為主和以做「生活中的藝術品」為方向的產品開放「米家」品牌；對科技類、極客類相關的產品開放「小米」品牌。

　　供應鏈支持：做手機的這幾年，小米在供應鏈領域累積了較高的信譽和溢價能力，打通了供應鏈。在生態鏈公司做產品的過程中，小米發揮自身產業整合的能力，以高信譽為生態鏈公司提供供應鏈背書。

　　管道支持：對生態鏈中獲準使用「米家」和「小米」品牌的產品，小米開放四大管道，包括PC（personal computer，個人電腦）端的小米網，手機App上的小米商城和米家商城，還有線下店面小米之家。小米電商是目前全球排名前十的電商平臺。在頂尖的電商平臺之中，小米電商是擁有自品牌產品的電商，品類少，銷售額卻極高。這就意味著，每一個在小米電商上的產品，都擁有遠遠高於其他電商平臺的用戶關注度。換句話說，在用戶導流的層面上，我們做到了業界第一。「米家」App，是一個集智慧硬體管理、群眾募資、電商為一體的移動平臺。該平臺的群眾募資成功率高達一○○％，遠超於其他一線群眾募資平臺。「米家」平臺除銷售小米和米家品牌產品外，同時對生態鏈自有品牌產品提供銷售與群眾募資的管道支援，可以說是對生態鏈企業的一種全面支持。

投融資支持：在小米的領投下，資本市場對小米生態鏈企業持續看好。小米根據生態鏈公司的發展階段，分批進行集體路演，集中邀請一線投資機構、投資人，為生態鏈公司的融資提供支援。小米生態鏈目前已有四家公司估值超過十億美元（約合新台幣三百億元），成為行業之中的獨角獸，一家公司首次公開發行股票成功。

在全方位的平臺支援之下，我們又從小米抽調核心的工程師，建立生態鏈部門，向生態鏈公司輸出方法論、價值觀和產品的標準。

產品定義：小米與生態鏈企業在產品定義上深度合作，每一個生態鏈公司計畫上小米平臺的產品都要與小米生態鏈的團隊一同開會，這樣的會議一開就是幾個小時，依靠集體智慧做決策，生態鏈團隊負責集體定案。

ID設計：小米在設計上指導生態鏈企業。實際上，到目前為止，生態鏈公司的產品有七〇％出自小米生態鏈的ID部門。最早的一些產品幾乎完全是由小米生態鏈的ID部門負責，後來各家公司才逐漸補齊各自的設計部門，但小米生態鏈的ID部門依然保有一票否決權。這樣才有了米家和小米品牌中生態鏈產品一脈相承的風格。

品質要求：小米對生態鏈企業輸出產品具有品質要求。每一個產品登錄小米平臺，都必須通過小米嚴苛的內部測試。在這個內部測試過程中，我們從各個維度以挑剔的態度審核產品，任何不能通過內部測試的產品，縱然錢已經投下去，哪怕開好了模具、備好了料，一樣不能以小米或米家的品牌問世。所以外界看到我們產品巨大的成功率，實際上背後經過了極為嚴苛的篩選。

小米的航母式支持

　　以上這些，是小米作為航母，可以提供給生態鏈企業的。當然，這並不是全部。我們幾乎開放了小米所有的資源，幫助生態鏈企業發展，並且還在擴充新的資源，比如小米眾籌、小米金融、米籌等業務，都將會多方位地幫助到生態鏈企業。

後院的金礦

　　生態鏈公司對於小米來說，是後院的金礦。

　　事物的發展是有規律的。不可否認的事實是，二〇一五年小米手機的銷售目標沒有達成。從那一刻起，外界傳來很多質疑的聲音，太多的人開始唱衰小米。其實，我們內心還是很堅定的，

因為小米不僅僅生產手機。

在小米剛剛開始用網路概念做手機的時候，是先把線上的通道打通。但我們也知道線上通道有一定局限性。二〇一三年，在小米手機達到一五％的市場占有率時，我們就知道二五％的市場份額將是線上單一管道的瓶頸，並且，任何企業的產品不可能多年領跑市場，產品必須是有梯度[27]的。所以，二〇一三年年底，我們開始投資生態鏈企業，也是為了建立一支混合艦隊。

二〇一五年，小米的手機產品重點是小米Note。Note本來是想提升小米品牌定位的一款產品，但Note並沒有達到預期銷量。接下來本來應該是每年度的旗艦產品小米5登場，但小米5因為各種原因延遲發布，這使得我們在二〇一五年看起來像是沒有發布重量級產品。要知道二〇一五年是手機廠商最熱鬧的一年，發布會經常同時間舉行。這個行業裡流行一句笑話：一個產品要開八次會。新品介紹開一次，新品群眾募資要開一次，新品正式上線銷售要開一次，高配置版本發布再開一次，新品鑒賞要開一次，產品成功上市紀念再開一次……。一個產品利用各種噱頭，似乎必須要在市場上不斷地有新的消息，才是品牌具有影響力的一種證明。

而小米在這一年裡，發布手機新品不多。幸運的是，之前投資的生態鏈企業的新品陸續研發完成，一個個新產品幫助小米在這一年裡製造了很多市場熱點，讓小米在整體上還能保持高速成長。二〇一五年，小米生態鏈產品銷售額同比增長二‧二倍，為小米貢獻了不少的收入。

---

[27] 針對不同人群推出不同層次的產品，以擴大銷售量。

其實回頭再想想我們當初做小米生態的三個目標：保持小米品牌的熱度；提供銷售營業額的支撐；加大小米的想像空間。從二〇一五年來看，這三個效果開始明顯展現出來。

另外一個超出我們預期的效果是，生態鏈上的產品給小米帶來了很多新的用戶，而這些新用戶正在幫助小米的用戶群完成升級的過程。

我們知道蘋果手機的用戶一般很難轉換為安卓手機用戶，所以小米手機對他們沒有「魔法」可施。但小米生態鏈上的很多產品卻可以贏得蘋果手機用戶的青睞，他們自然而然地成為小米電商平臺的新用戶。據二〇一五年的資料統計結果，小米生態鏈產品的使用者中，有三分之一來自蘋果手機用戶，還有三分之一是使用安卓系統的其他手機品牌用戶。

這意味著什麼？小米電商平臺的用戶不僅局限於小米手機的粉絲。我們初期認為小米粉絲的具體群體是十八到三十五歲的年輕人，以男性發燒友[28]居多。但現在，小米生態鏈產品的用戶群已被擴大到十八到四十五歲，而且女性比例也有顯著提高。我們知道，在三十五到四十五歲這個年齡層中，大多是非常理性、成熟的消費者，他們大多為白領或是中產階級，且有很強的消費能力。這個人群更符合我們對「追求品質生活」的消費者的定位。

而這些增加的新用戶，他們對米家品牌的好感，將來一定會影響並幫助到小米高端手機的品牌形象，這樣當小米推出高端手機時，他們會自然而然地進行選擇。

---

[28] 癡迷於某件事物的人。

　　小米生態鏈中的公司，每一家會負責去闖一個領域，同時，它們也會把那個領域的資源打通，包括人才、技術、專利、供應鏈等等。它們打通的這些資源，又可以被小米和其他生態鏈企業共用。仔細想想，這不就是一種創業的共用經濟模式嗎？

　　近兩年業內開始提出一種新的創業模式：積木式創新，即在創新的過程中，不同要素之間進行如「積木」般的組合。而我們生態鏈的模式，更像是共用經濟式的創新，每一個企業都有自己的核心和外延，而這些企業之間因為具有小米的基因，所有的資源又可以共用，形成一個泛集團公司。

　　小米是一個航母集群，小米生態鏈也只是艦隊的一部分，小米還有很多關聯業務。我們自己知道，小米不僅僅有手機業務。對於小米來說，生態鏈是一座藏在後院的金礦，不僅可以推高公司估值，還能以艦隊的形態幫助小米在智慧硬體的江湖裡殺出一條血路。

互為價值放大器

　　小米對於生態鏈而言是航母，為其提供多層面的平臺支援；生態鏈公司對於小米而言，是後院的金礦，增加了小米的想像空間。小米與小米生態鏈公司的關係，就是我們在不同的階段，互為彼此價值的放大器。

　　今天，當我們對進入一個領域有想法，但自己沒時間做的時候，我們就會透過投資生態鏈公司的方法來布局未來，那麼生態鏈公司對於我們來說，就是一個價值放大器；而當這個生態鏈公司還處於需要很多支援的階段，那麼我們來投資錢，共同打造產品，打通供應鏈，開放平臺，幫它們的產品快速放量，使這些公

司迅速成長，那我們就是生態鏈公司價值的放大器。

當生態鏈公司在一個領域中，以小米品牌的產品立足，贏得口碑，甚至吸引更多的用戶關注小米品牌、喜愛小米品牌，那麼生態鏈公司對於我們來說，又變為小米價值的放大器。

最終，生態鏈公司的產品銷量和口碑都位於市場前列，它們的估值自然就會上升。我們聚集了七十七家這樣的生態鏈公司，於是小米的估值自然也會隨之上升。在此我們又互為彼此價值的放大器。

在不同階段的時間軸中，我們與生態鏈公司互為價值的放大器。這個很有趣，也是生態系統的美妙所在。

因此，當面臨一件事情，是對小米更有利還是對生態鏈公司更有利的時候，我們往往選擇對生態鏈公司更有利的一面。因為這樣才能夠保證這個小團隊發展起來，它未來才能成為小米的放大器。如果每件事都選擇對小米有利，很快就會把那個公司擠死。我們不會從生態鏈企業身上占便宜，它們現階段還是很小的公司，能占到多大的便宜呢？幫助它們成為獨角獸，幫助它們把產品賣爆，幫助它們上市，這對小米來說，「便宜」不是更大嗎？

其實小米不僅不占便宜，還要吃虧。德哥說，如果真的要做一家大公司，內部因素最關鍵的因素，就是吃虧。懂得如何吃虧，才有機會做一家大公司。

在生態鏈企業不斷發展壯大的過程中，我們現在也開始考慮生態鏈公司的退出機制。竹林效應的一大特點就是能夠自我完成新陳代謝過程。

　　如果一個系統沒有退出機制，這件事就沒有收口，就無法形成閉環。對於生態鏈上成長得非常好的公司，我們會幫助它們獨立上市。業務相關聯的幾個公司，也可以打包上市。其實理想的狀態是，未來生態鏈企業裡，一共有三到四家上市公司就很好了。上市公司數量並不追求多，而是追求品質。上市公司要有一定規模，規模是企業競爭力的重要體現。如果分散，都是小公司單獨上市，依然不能對某個行業形成影響力。

　　二〇一六年八月十日，小米生態鏈企業——青米的母公司——北京動力未來科技股份有限公司宣布登陸新三板[29]，成為小米生態鏈中第一個上市的企業，這也為所有生態鏈企業打了一針興奮劑。二〇一六年十二月二十一日，小米生態鏈公司——潤米的母公司——安徽開潤股份有限公司正式登陸深交所創業板。

　　當然，雖然我們在投資的初期，考慮的第一要素是價值觀，但難免也會在發展的過程中，出現生態鏈的公司和我們的價值觀不再完全一致的情況，或者是它們的戰略與小米不匹配，那我們可能不在產品、品牌上繼續合作，小米作為股東願意只享受投資這部分的收益。我們是一個相對開放的生態系統，並不會把大家綁死。

---

[29] 新三板市場主要是為在科技園區的非上市股份有限公司服務，將其納入代辦股份系統進行轉讓。由於掛牌企業均為高科技企業，不同於原轉讓系統內的退市企業及原 STAQ、NET 系統掛牌公司，故形象地稱為新三板。

第三節　兄弟文化

外界對我們與生態鏈企業之間的關係總是弄不明白，總有人問我們：生態鏈企業是你們的子公司嗎？是「小小米」嗎？

我們的答案非常清晰：不是，我們是兄弟公司。小米與生態鏈企業是兄弟，生態鏈企業之間也是兄弟。

幫忙不添亂

雷總在做小米之前，帶領金山軟體打拼了十幾年，在金山內部形成了濃厚的兄弟文化。

後來，雷總離開金山，去做天使投資人的階段，投資的第一原則就是「不熟不投」，以至於後來江湖上將他投資過的企業統稱為「雷總系」。實際上雷總本人並不喜歡這種稱謂，他覺得自己與這些創業者都是「朋友」、「兄弟」，他要做的事是幫忙，而不是添亂。

雷總將兄弟文化從金山帶入了小米，又從小米向整個小米生態鏈進行擴散。在很多大公司裡，部門之間勢力割據，每個部門都自掃門前雪，對自己的部門絕對負責，但別人的事「堅決不碰」。而在小米，儘管沒有人將兄弟文化整天掛在嘴邊，卻成為大家一種潛移默化的共識。

這其中有兩方面原因：一是雷總本人行事風格對團隊的影響；二是小米和小米生態鏈在快速成長的過程中，都是在一路打仗，而戰鬥中的兄弟情誼是由內而發的。

「它們都是兄弟公司，不是小米的子公司。」德哥這句話恰

好一語點破小米生態鏈企業的關係。

小米做事最喜歡找到「本質」,「兄弟文化」的本質就是血脈相連但又都是獨立個體。在小米生態鏈中最重要的邏輯就是「利他即利己」。只要對這個公司發展好,大家就願意去做。

來自臺灣的謝冠宏,有著多年的職業經理人經歷,他身上並沒有很濃厚的江湖味道。但在進入小米生態鏈之後,他對小米的兄弟文化有了深刻的理解:「小米的人不驕傲,不官僚,靈活變通,夠義氣的兄弟文化最為突出。」

1MORE是小米生態鏈上最早孵化的企業之一,謝冠宏自稱1MORE也是得到幫助最久的企業。同時,因為年齡比較大、產業資源多,後期他也開始主動幫助生態鏈上的其他企業,幫助它們介紹人才,介紹供應鏈資源,並在產品上給予它們指導。

青米是小米與突破電氣成立的合資公司。突破作為一家老牌企業,在國際化的道路上已經出發多年,在洛杉磯有一間很大的辦公室。林海峰知道很多生態鏈上的企業家迫切地想進軍海外市場,便主動邀請大家去美國看看,並且為兄弟企業進軍海外提供力所能及的幫助。

利他即利己

出身於英華達的張峰,他創辦的紫米已經成為新的獨角獸。在英華達多年的經驗,讓他成為供應鏈方面的專家,精通供應鏈裡的門道。硬體創業最大的挑戰就是供應鏈這個環節,而張峰也因此成為兄弟連中供應鏈的資深顧問,幾乎每個企業遇到這方面的問題都會去找他幫忙,此外,紫米作為小米家庭生態鏈電池專家,本身也是很多生態鏈公司最願意合作的「供應商」。

　　納恩博的九號平衡車，對電池有很大的需求量，這也是平衡車很大一部分的成本構成。電池的品質關係到平衡車的品牌，電池的成本關係到平衡車的定價。所以業務初期納恩博訂購電池，第一個找到的就是張峰。

　　張峰給納恩博的建議是，紫米不獨占納恩博全部的電池業務，因為任何關鍵零配件都要由兩到三家供應商來提供，這是一個比較安全的結構。紫米成為供應商給納恩博帶來了兩大直接收益：第一，紫米對電池產業的價格瞭若指掌，其他的供應商也就無法給納恩博報出虛高的價格；第二，紫米一直按照最嚴苛的標準要求自己，自然也提高了納恩博其他供應商的產品品質標準。紫米對於納恩博的支援，是在電池產品上直接立起兩個標杆：價格和品質。因此，納恩博在電池這個環節上不需要再花費任何心力。

　　在納恩博之後，紫米開始為生態鏈上更多的兄弟企業提供電池方面的服務。計算下來，平均可以把電池這個重要配件的價格拉低二〇％左右，直接讓兄弟企業享受到最低的價格、最好的品質。

　　之前，紫米的行動電源，主要是 TO C[30] 的市場，為兄弟企業提供電池之後，TO B[31] 的電池業務也快速發展起來。其實，生態鏈上的兄弟企業之間，利他即利己，互為放大器。

---

[30] TO C產品是發現使用者需求，定義用戶價值，並準確推動項目達成這個目標。
[31] TO B產品是根據公司戰略或工作需要，構建生態體系。

抱團打仗

　　在小米生態鏈上，兄弟企業在產業鏈上下游之間的配合很有默契，大家有基本的信任，不需要再花時間相互了解、談判，時間成本、信任成本都很低，這是這個鏈條效率提升的重要因素。同時，每個「弟兄」的出身並不同，於是兄弟間的合作，可以有很多充滿創意的形式。

　　在小米生態鏈上，Yeelight公司負責智慧燈相關的產品，Yeelight推出的第一款產品是智慧床頭燈。床頭燈屬於一個細分市場，並不算是一個大品類，也很難被消費者主動觸及。但是，在銷售中大品類的兄弟公司卻可以幫到Yeelight。

　　生態鏈中華米的手環產品是一個爆款，針對Yeelight的用戶定位，華米與其聯合推出了一個「優質睡眠套裝」——即小米手環檢測到用戶已經睡著的話，它會自動把燈關上：這無疑是智慧家庭的一種理想方案，讓兩個產品間有了很強的關聯性。

　　熱銷的小米手環，對Yeelight床頭燈的銷量拉動很明顯。但這不是關鍵，重點在於，這種聯動為用戶帶來了一種全新的體驗，方便，還很酷，深受年輕消費者的歡迎。這個套裝策略為手環和床頭燈都贏得了更好的口碑，依靠小米平臺的勢能，二〇一五年年中上市的床頭燈到年底時就售出了二十萬台，位居細分品類的市場第一名。

　　小米生態鏈上有一家公司叫綠米聯創，它的主要產品是智慧家庭套裝，包括人體感應器、魔方控制器、智慧安防套裝、多功能網關。床頭燈可以跟所有智慧家居產品聯動在一起，比如人體感應器感應到人走近時燈就可以自動亮起，而魔方控制器專門

開發了一個按鈕給Yeelight，可以遙控開燈……這些功能不僅實用，更讓用戶感覺到夢幻般的享受，仿佛真正踏入了智慧家庭生活。兄弟之間不起眼的「握手」，帶給用戶的卻是意外驚喜。

「如果不是兄弟公司，很難實現這樣的合作。因為要去開發一些軟體，一起調整測試、一起適配，這對於跨公司間的合作是很難做到的。」Yeelight創辦人兼CEO姜兆寧認為，傳統的商業企業之間很難達成這樣的合作，只有兄弟公司之間，信任並且有著共同的目標，才能讓產品相互聯動起來。

純米CEO楊華經常在兄弟企業的交流中獲得寶貴的資訊：比如供應鏈，是做硬體最難的一關，大家經常會相互提供供應商的資訊，以幫助兄弟進行選擇。再比如人才，我們發現日本和臺灣這些智慧硬體發展得比較早的市場，有很多高端硬體設計人才，因為人才多，所以價格並不貴。相反，中國硬體人才很缺乏，稍微好一些的人才就貴得不得了。兄弟們之間溝通這些資訊，讓我們網羅人才的視野可以放大到全球範圍內，大家還經常互相推薦人才。

所以德哥把小米生態比喻成俱樂部：進來就是有組織的人了，大家可以相互幫忙。

按照雷總的設想，要用小米手機的打法，進入一百個傳統行業，這意味著要有一百個「兄弟」進入傳統行業抱團打拼。同時，也意味著「兄弟」們可能會搶走一百個行業裡「前輩」的飯碗。另外，由於小米的打法會對上游供應鏈進行再造，很多不符合規範、低價值的供應商會被清除出場，原來的供應商也很難再賺取暴利，當然還有被擠壓的傳統線下管道。產業鏈優化的過程，必定波及很大的範圍，影響到太多行業的「原住民」。

所以，小米每進入一個市場，都會面臨一場非常艱難的硬仗。在一場場戰役中也就自然而然形成兄弟文化，勝則舉杯相慶，敗則拼死相救。這種兄弟感情在遇到重大困難的時候，就是法寶。

第四節　微妙的競爭

其實小米生態鏈企業的「保護期」已經不是祕密：即小米會承諾在兩年或三年內，不投資同品類的企業。「我們的想法很簡單，我們幫忙，提供錢，開放資源，幫助生態鏈企業快速成功，在某個領域深深扎根。」德哥這樣解釋，「但，絕不保護落後。」

生態鏈不是溫室

在我們投資的初期，因為每個團隊幾乎都是從一個產品項目開始，每個企業都會畫一個相對的界定範圍的圓圈。我們最初選擇的企業之間幾乎沒有業務重合，但每一個企業在第一個產品成功之後，一定會擴張，第二個品類、第三個品類，甚至更多。於是，在生態鏈發展兩年之後，企業之間開始出現產品的交叉。

這裡面有幾種情況。

一種是我們認為某個產品的出現時機很重要，但在這個領域那個企業能力不夠，還沒有做出足夠好的產品，但我們不能失去這個市場占位的機會，我們就會讓另外一家企業先「補位」，把

產品做出來，在市場上搶位。等那個企業能力完善了，我們還會把這條業務線交回給它。

另一種情況是，指定領域的產品做得不夠好，沒有擊穿這個市場，我們也會再投一家來拿下這個市場。比如我們最初的智慧攝影機產品交給生態鏈上的小蟻來做，但是它始終打不穿基本盤，很長時間內都是不慍不火。於是我們就又投資了創米來做。創米推出的小白智慧攝影機一下子就打破了市場的平靜，用戶反應非常好。

我們不畫地為牢，讓大家生活在溫室裡。「為什麼沒有一個兄弟企業跑出來說，我要做行動電源？因為紫米的產品徹底擊穿了市場，你來做就是雞蛋碰石頭，其他的行動電源企業都躲著它走，我們自己何必去碰釘子呢？」紫米的例子就是，只要你做得夠好，別說生態鏈上的兄弟企業不會跟你搶，放到整個大市場上去，別人也不願意進來競爭了。

還有一種情況是，有的產品，很多家都想做，比如藍芽喇叭這個產品，好幾家都爭著做，我們也不過度干涉。做得好的，我們放到小米網上來賣，給它流量。它們也可以自有品牌的形式，在市場上銷售，機制非常靈活。

內部競爭是為了鍛鍊外部競爭力

經常有兄弟企業的人跑來跟我們說，這個產品分給我吧，那個產品分給我吧。我們的態度是「保持微妙的競爭」，沒有小生態裡的競爭力，就沒有大市場裡的競爭力，這樣的企業一定不是市場上真正需要的企業。

　　不過幾十家企業投下去，誰也不能保證小米生態鏈選擇的企業能夠百分之百成功，也不排除有的企業上了小米的大船就開始坐享其成。因此，我們是在找一群一起戰鬥的兄弟，而沒有義務永遠幫助誰。這種「保護期」的設置，也是一種變相的激勵機制。

　　對於微妙的競爭關係，兄弟企業都非常認同。龍旗的杜軍紅說：「不能給企業畫圈圈，把每一家都分別保護起來，保持微妙的競爭是必要的。現在小米給我們提供很好的環境和養分，從長遠來看，我們不是在內部自己玩，一定要面對外部的競爭。小範圍內的競爭是為了在更大的市場上保持持續的競爭力。」

　　小米生態鏈最終的目的是：培養出一支支能征善戰的隊伍，把它們放到大的市場環境裡去參與角逐，每一個企業都有適應市場變化、長久生存的能力。因此這種微妙的競爭，必不可少。

講真

畫地盤的方式是不對的

劉德　小米科技聯合創辦人、小米生態鏈負責人

　　往大了說，我們未來要做一個巨大的國民企業的公司群。大家共同獲利，抱團取暖，有問題就相互幫忙。

　　當然在小環境裡面，我們還是要保持微妙的競爭。我前一段面臨著好幾種這樣的情況，明顯一個產品好幾家在做，比如藍牙喇叭，我們要不要把音箱產品畫個圈，說這個圈是我的，誰也不要進。

我們想，這種畫地盤的方式是不對的。因為我們是個生態系統，存在著微妙的競爭。如果我們自己內部不保持競爭，那麼外界的強敵就會進來。

我們需要把話說清楚，否則遮遮掩掩，容易引起矛盾，將來會產生摩擦，出現這些情況對我們來說都不好。我希望大家要保持一種兄弟狀態，但是不能畫地為牢，劃分勢力範圍，不許別人來做。這樣做是不對的，這樣做我們會不斷萎縮。

第五節　複雜的模式

我們近幾年有一個非常大的難題，在於怎麼和外界講清楚生態鏈。因為我們的模式太複雜了。

從小米手機誕生的第一天起，小米就是以「軟體＋硬體＋服務」的鐵人三項這種複雜的模式，參與到移動互聯網的競爭當中，成為移動互聯網領域的新物種。

在IoT時代，小米生態鏈是一種更複雜的模式，也是IoT時代的新物種。

建構複雜的生態系統是為了迂迴作戰

在建構這個複雜生態系統的背後，我們還有更多的思考，包括在一個新的時代如何超越傳統巨頭。

每一個風口都會有產業升級迭代的機會，也會有新的巨頭產生。但是從互聯網到移動互聯網，BAT的勢能巨大，它們不僅

是互聯網時代的巨頭，同時這種勢能也讓它們正在成為移動互聯網時代的巨頭。它們的生態系統非常龐大，特別是在 O2O 大戰之後，它們的勢能已經從線上向線下延伸開來。

二〇一三年雷總就在思考智慧硬體和萬物互聯組成的物聯網時代的巨大機會，這個機會甚至比移動互聯網還要大。在互聯網時代和移動互聯網時代，BAT 已經成為所有企業面前的三座大山，追趕甚至超越 BAT 的機會已經沒有了。或許，物聯網是一個彎道超車的機遇。

雷總在研究了阿里巴巴成功的故事之後，總結出三大要素：

第一，必須選擇一個巨大的市場；
第二，網羅全球的人才；
第三，融到鉅資。

物聯網就是雷總選定的巨大的市場趨勢，但是直面攻擊、孤軍作戰肯定沒有打贏的機會。於是我們建構了一種非常複雜的模式，一百八十度迂迴作戰。先做互聯網手機，用手機的先鋒性產生的勢能建立生態鏈。再透過複製小米模式，讓專業的團隊更高效率、更專注地做出更多高品質的硬體產品，與智慧手機緊密有效地整合在一起，進而增加小米的安全係數。

網路時代的新物種

如今，小米生態鏈作為新物種，已經具備了先鋒性，竹林強大的根系已然形成，進而又產生了新的勢能。

作為小米的投資人，晨興創投合夥人劉芹非常看好小米的生

態鏈：

「小米連接的節點數量越多，護城河就越穩固，平臺價值就越大。」其實，我們在這兩、三年的戰鬥中發現，竹林的根系越發達──盤根錯節、相互交織，整個竹林的生命力越有保障。只有這樣複雜的生態結構，才能在物聯網時代，具備超越傳統巨頭的可能。

複雜性在於這幾層關係：

1. 竹林效應：小米的資源如同竹林強大的根系，而小米生態鏈上的產品如同一棵棵的春筍。在小米生態鏈上，一個個爆品不斷生成，同時產品也能完成新陳代謝。使用者的需求會發生變化，硬體產品的形態也要不斷更迭，只要生態的能量一直存在，爆品就如春筍一樣不斷滋生，生生不息。

2. 五角大廈和特種部隊：生態鏈上孵化的企業，要參與到每一個細分市場的競爭中。在每一個戰場，打每一場戰役時，都是五角大廈與特種部隊相配合，五角大廈在後方提供一切支援，一支有經驗的特種部隊在前方執行完成整個計畫。這樣的配合效率最高，成功率也最高。進入一個市場就拿下一個市場。

3. 航母與艦隊：小米與生態鏈企業之間，是航母與艦隊的關係。其實整個小米艦隊不只小米生態鏈上的七十七家企業，小米透過各種形式參與投資的企業已達兩百二十家，這支龐大的艦隊，是小米參與物聯網競爭的整體陣容。在物聯網時代，小米艦隊是一個新物種。

　　生態鏈的模式具有複雜性和先鋒性，也是為了以小搏大。以生態鏈上的兩百多位工程師，將來能帶動一百家企業、幾萬人的軍團，撬動一百個行業的資源，形成小米艦隊，從容面對物聯網時代的競爭。

　　做生態更深層次的原因，來自雷總的一個夢想。這是一個務實的理想主義者的夢想：帶動一批跟小米有著相同價值觀、願意打造極致產品、充滿活力的中國企業，一起改變中國製造業，改變中國製造業在全世界人心目中的印象。就像SONY帶動日本、三星帶動韓國那樣，讓這個群體真正幫助中國製造業的轉型升級。

第三章
奔跑中的思考

一個時代，最先鋒的理論一定是軍事理論，而不是商業理論。為什麼？因為商業的輸贏要錢，而軍事的輸贏則要命。

今天的小米跟當前的中國很像，中國在過去三十年內跑完了美國兩百年的發展路程，我們用五、六年跑了別的企業需要走十五、六年的路程。但是就像一個人瘋狂奔跑的時候，即便領帶不整齊，他也沒空整理，跑掉了一隻鞋，他也只能繼續往前跑。因為這個機會太難得了，絕對不能停下來。

小米生態鏈在過去三年也處於這種狀態。沒有所謂的五年計畫，這個世界變化太快，做一年看一年就不錯了。奔跑中，我們認為有兩點很重要：

一、大方向選對後，一定要保持奔跑的速度，奔跑本身即可解決問題；

二、要不斷地向外學習，透過實踐摸索新的理論，將理論運用到實踐中。

在奔跑中思考，與停下來思考的感受大不相同。這一章，我們把奔跑中的一些思考所得與大家分享。

第一節　用軍事理論做商業

為什麼做商業要學習軍事理論？

德哥認為，一個時代，最先鋒的理論一定是軍事理論，而不是商業理論。因為商業的輸贏要錢，而軍事的輸贏則要命。顯然，軍事理論比商業理論更具有先鋒性。我們用軍事理論做商業，也是戰術打法的一種降維攻擊。

小站練兵

一個令很多大企業感到困擾的問題是，在業務轉型或是擴張期，該怎麼做？在互聯網＋熱潮中，傳統企業往往會有一種困惑：是改造舊部，從內部抽出一隊人馬，讓他們學習互聯網思維和技能，讓這些被改造的「舊人」來做新業務，還是在體系外建立一支全新的團隊，從零開始，讓他們來承擔開創性的新業務？

這也是小米在面對物聯網風口時的一道選擇題。自己做，還是投資新兵？過去的很多事實都證明，新兵比舊部做得更生猛。

當時的小米已經有七、八千人，產品線涉及手機、電視機、路由器三大品類。

對內，在短短三、四年間公司員工從零成長到七、八千人，對於一家創業公司的管理能力已經構成極大的挑戰。當公司擴張到一定程度的時候，工作效率必然會下降。如果在內部擴張，小米勢必會成為一個規模龐大的公司。但所謂的「大象起舞」並不是一件簡單的事情，隨著產業鏈的成熟，大而全的壟斷者將面

臨成本的高企[32]，最終技術優勢會被消解，敗給小而專的「野蠻人」。尤其是注意力的分散，將會對小米核心的手機業務造成影響。

對外，如果短時間內連續推出太多周邊產品，使用者對於小米的邊界會感到模糊——小米到底是做什麼的？其實在後來的營運中，儘管我們一直在刻意區分小米和小米生態鏈產品，外界還是認為小米什麼都做，把生態鏈的產品與小米的產品相互混淆。

當時，雷總決定以投資的方式，在小米的外部建構一條智慧硬體的生態鏈，孵化一批生猛的創業公司，用小米的既有資源，幫助它們在各自的領域獲得先發優勢，同時又能在小米的平臺上發揮協同效應。這種孵化方式，讓小米和被孵化的企業都能符合互聯網七字訣：「專注、極致、口碑、快。」更為重要的是，小米不會因為產品多元化而失去「專注和快」的特色。

這是一種全新的模式，用投資的方式，聚齊一群兄弟公司，大家一起來搶占市場。這如同建立一支支新軍，透過「小站練兵」的方式，訓練出新軍去應對未來新興市場。

什麼是小站練兵？

清末時清軍連連戰敗，與外敵的戰鬥力相去甚遠。為了抵禦強敵，必須進行軍制改革，建立一支強大的陸軍。袁世凱最先意會到這個問題，著手訓練了一支新式陸軍。以德國軍制為藍本，制定了一套包括近代陸軍組織編制、軍官任用和培養制度、訓練和教育制度、招募制度、糧餉制度等內容的建軍方案，基本上摒

---

[32] 高企一詞源於廣東話，「企」是「站」的意思，高企是指持續停留在較高的位置不落下，而且有再升高的可能。

棄了八旗、綠營和湘淮軍的舊制，注重武器裝備的近代化和標準化，強調實施新法訓練的嚴格性，首創中國近代陸軍的先河。因其隊伍訓練營地在天津東南七十里的一個鐵路站，位於天津至大沽站中間，故被稱為「小站練兵」。

透過小站練兵，形成了軍閥集團。北洋軍閥集團是清末民初產生和發展起來的一個武裝集團，這個集團曾經影響當時的政局十多年，對近代中國歷史的發展造成巨大影響。而這個小站出來的新兵，後來都成為中國近代史上的重要人物，貫穿了整個民國時期，比如李鴻章、馮國璋、段祺瑞、王士珍、曹錕、盧永祥、徐世昌等等。

小站練兵給我們的啟示就是，當我們跨向一個新的領域時，與其改造舊部，倒不如在體系外建立一個全新的團隊，從零開始，讓其承擔開創性的業務。我們也希望學習這種方式，孵化出一批生猛的團隊，在中國 IoT 的進程中起到關鍵作用。

特種部隊，精準打擊

我們運用了小站練兵的孵化模式，然後開始尋找先進的軍事理論幫助我們指導每一場戰役。

德哥發現，波斯灣戰爭是一場非常經典的利用現代軍事理論的戰爭。前方的特種部隊與後方的五角大廈密切配合，前方是經驗豐富的小部隊，後方是擁有龐大資源庫的指揮中心。特種部隊按照五角大廈發出的指令實行精準打擊，戰爭效率高，在很短的時間內就取得了勝利。

我們在選創業團隊時，首先看人，這就如同挑選特種兵的過程。我們一般會挑選具有創業經驗的或是其他方面有成功經驗的

創業者，或者是有行業人脈、資源的人。做硬體是一件非常複雜的事，經驗必不可少，因此我們很少選沒有任何經驗的應屆畢業生。我們建立團隊的時候也一直在挖各個領域的頂尖高手，他們就像是特種兵，有經驗，單兵作戰效率很高。

他們組成前方的小分隊，我們是後方的支撐平臺，我們可以告訴他們哪裡有「敵人」，該打哪裡，什麼時候打，怎麼打。他們的執行能力非常強，根據建議採取行動，與我們密切配合，在資源方面互補，幾乎每一戰都能穩穩地打贏。「特種部隊」企業的執行力遠遠超過採用大公司運作模式的企業。

到目前為止，小米生態鏈上發布的產品有兩百多款，其中包括空氣淨化器、電助力自行車、無人機、機器人等一系列大品類的產品。試想如果這麼多產品放在一家公司裡營運，怎麼樣也需要上萬人吧？而我們的生態鏈上有七十七家企業，到二〇一六年年底，總人數還不到五千人，並且都是以高端工程師為主。而小米負責這七十七家生態鏈企業的產品經理還不到兩百人。這麼大的攤子只有這麼少的人，可見「特種部隊」企業的戰鬥效率遠遠高於大公司。特種部隊要做到高效率，就要目標明確、精準打擊。傳統的戰場進攻方式，是布置一百座大炮，對著敵人的陣地一陣狂轟濫炸，最後一定能把這片陣地打下來。而當代軍事理論要求精準打擊，用雷達精準定位敵人的位置，一擊致命。

其實大型的網路企業更具備精準打擊的優勢：一、有數據；二、有用戶。比如我們要做電水壺，在論壇上一問，很快就能得到上百萬用戶的回覆，我們就可以分析出用戶對電水壺最主要的需求點是什麼，用戶痛點集中在哪些方面。根據這些資料，我們很容易就可定義一款滿足八〇％用戶的八〇％需求的電水壺。定

義好一項可以滿足八〇％使用者的八〇％需求的產品功能之後，我們再全力以赴製造出一款精品，這樣一個爆款產品就產生了。

正是因為網路的這種優勢，我們定義產品可以做到精準打擊，有一些在傳統企業看來不可能的「奇蹟」也就這樣發生了：做空氣淨化器的智米公司，發展兩年後一共才五十個人，公司估值已經超過十億美元（約合新台幣三百億元），年銷售額超過人民幣十億元（約合新台幣四十五億元），在國內空氣淨化器這個高度分散的市場中獨占二〇％的市場份額，成為市場份額最大的企業；做行動電源的紫米公司，也不到一百人，二〇一六年年銷售額超過人民幣二十五億元（約合新台幣一百一十億元），人均產值在兩千萬元以上；另一家快速成為獨角獸的是華米公司，其生產的小米手環占據近八〇％的市場份額……這難道不是作戰效率高的最佳展現嗎？

蒙古軍團

特種部隊和精準打擊是我們從現代軍事理論裡吸取的最有效的兩條經驗，除此以外，我們還向古代的蒙古軍團學習了兩個經典戰法：一是輕易不出戰，首戰即決戰；二是無軍餉制度。

當年的蒙古遊牧民族，不同的部落是分散在草原各處的，集結一次不容易。一旦集結，必須一擊即中。蒙古軍隊的戰爭都是在浩瀚的大草原上進行的，如果隨隨便便拉出隊伍來打一仗，你可能連敵人都找不著，然後長途奔襲，耗費軍力，仗還沒開打，兵將已經倒下了。所以蒙古人打仗跟狼群出擊很像，他們非常有耐心，一定要等到最佳時機出現的時候，突然發動進攻，一擊必中，一戰必勝。這就要求決策者要有耐心，找準時機，並且行動

要非常快。這就是首戰即決戰的邏輯。

蒙古軍團還有一個特點：不發軍餉。怎麼激勵隊伍英勇奮戰？蒙古軍隊的原則是，仗打贏了，搶來的東西都是你的。

我們當然不是沒有軍餉，小米生態鏈投資創業企業，而創業團隊採用「全民持股」的方式：你們把公司做大，你們的股份也會變得更值錢。這對於創業者來講，是非常有吸引力的。激勵機制設定好，創業隊伍就會生猛地往前衝，「搶」回來的都是利益啊！

所以對生態鏈公司還有一條特別的規定，就是小米所投資的生態鏈公司，在上市之前不分紅，現金全部留在生態鏈公司裡，讓它們繼續快速發展壯大。其實我們投資的最終目標，也不只是從這些企業的發展中獲得投資回報，更是要幫助小米在IoT時代提前完成布局。在這一點上，我們與其他投資機構不同。我們不看短期利益，只注重長期發展。

第二節　以小米速度保持先鋒勢能

在這本書中，多次出現「奔跑」這個詞。這就是我們真實的狀態。小米模式的核心特點就是在奔跑中提高效率和速度。

在網路時代，速度是最重要的維度

在網路技術和網路思維的雙重作用下，當今世界的變化太快了。如果用傳統的方法創業，等你好不容易把隊伍集結好了，商

業計畫書擬好了，有可能機會已經稍縱即逝。讀一讀現代商業史我們會發現，公司的發展與變化速度越來越快。

早年 AT&T 獨占鰲頭七十年，可後來 IBM 出現了，二十多年後微軟出現了，十年後谷歌出現了，四年後臉書又出現了，變化非常快。小米花了三年時間就成為一個中等規模的企業，營業額超過人民幣三百億元（約合新台幣一千三百五十億元）。

在網路環境下，衡量公司發展狀況增加了一個非常重要的維度——速度。

過去創辦公司，「速度」這個指標是不需要考慮的。比如清朝的時候，開一家同仁堂藥店，唯一不需要考慮的就是速度。再比如全聚德烤鴨店，當初開一家店老闆覺得很好，周圍的人都來店裡吃。他就是用心地把烤鴨做得盡善盡美，然後做出一個品牌來，也不用考慮速度。

再看今天的企業，很難像同仁堂、全聚德創業之初那樣，有足夠的時間等你慢慢做好。你不能快速做好產品，使用者馬上就會離你而去。你不能快速擴大公司的規模，競爭對手很快就把你併吞了。整個社會的節奏加快，企業間競爭留出來的「時間窗口」稍縱即逝。所以在網路時代創業的企業，必須要快速發展成為中等規模的公司，打下基本盤，在市場中站穩腳跟。

華為公司於一九八〇年代末期成立，走過近三十年歷程，腳踏實地地發展，累積了大量的技術和專利，打造出一個二十幾萬人的團隊，在許多領域成為真正的世界第一，這是中國企業界的驕傲。但是現在這個時代，新創辦的企業不可能花三十年時間去追趕華為。更何況如果沿用華為的模式，再過三十年、五十年它們也趕不上華為。

不過，現在的企業比華為創立的那個時代，多了兩個「核子武器」：一是網際網路，二是資本。小米用網路的方式做手機，融到足夠的資金，聚集各領域頂尖人才，在四、五年的時間內打造一家市值為四百五十億美元（約合新台幣一兆三千五百億元）的公司，拿下跟華為手機業務相當的市場份額，並在這個過程中培養出能打仗的近萬人隊伍，就依賴於這兩個核子武器。

在資金鏈斷掉之前跑到平流層上

速度是現在企業發展最為重要的維度。速度稍慢，就有可能錯過一波市場行情。今天的網際網路，大幅縮短了所有事情發展的時間軸。以小米手環為例，如果按照傳統的銷售方式，可能十年才能打下市場。但用小米的做法，一款爆品一年之內就從小眾產品成為大眾產品，並且占據了絕對優勢的市場份額。小米大幅縮短了這個時間軸，而其他沒有及時反應過來的企業，自然就在這個市場上失去了先機。

常有人問我們：小米是不是跑得太快了？其實你想想，假如小米沒有快速奔跑呢？假如小米手機現在的銷量還沒有超過一千萬台呢？假如三年前小米沒有投資生態鏈，現在會是什麼樣的情景呢？

從二〇一五年開始，國內智慧型手機市場已經在紅海中廝殺，淘汰賽開始了，如果小米只是一家在市場上無足輕重的小公司，一年銷售幾百萬台手機，很有可能是最先被淘汰、被整合的那一家。小米就是因為速度快，短期內衝擊到市場第一的位置，進而得到廣大用戶以及整個行業的認同。

二〇一六年上半年，小米手機業務確實遇到很大的挑戰，如

果沒有「跑」出來一條小米生態鏈，小米與其他手機廠商相比就沒有明顯的差異化，孤立的手機業務會因為業務單一而風險更大。小米生態鏈的上百個優質產品與小米手機互成犄角，互相拉動，這使得小米手機在競爭中還有一圈保護層。

與此同時，我們發現，移動互聯網的發展比我們預期的要快。移動互聯網時代開始於二〇一〇年，業界本來預期至少要十年，格局才能相對穩定。但是，我們看到二〇一六年各個市場已經非常成熟，很難再有企業能夠在移動互聯網領域重新殺出一片天地來。如果你當時定的是十年戰略，那麼走到第六年的時候，已經GAME OVER（遊戲結束）了，還怎麼玩下去？

我們孵化生態鏈企業的模式，很重要的一個出發點就是速度。我們一開始就把小米的資源開放給生態鏈公司，讓它們在創業初期考慮以下兩件事：一是做好產品，二是擴大規模。一開始不用急著決定戰略、做布局。總想著明天是否會遇到困難，那乾脆別做了。不知道怎麼辦的時候，就拼命往前跑。世界變化太快，在這過程中什麼都有可能出現。

用德哥的話來說就是：「如果在資金鏈斷掉之前，它能跑到一個平流層[33]上，它就成功了。」當一個公司營業額做到幾十億人民幣，在某個產品領域成為市場的絕對領導者的時候，很多問題就可迎刃而解。

小米也一樣，我們從來不定三年、五年戰略，大概想想明年的市場，就拼命跑，遇到問題就隨時再調整，因為手機市場的硬

---

[33] 平流層是相對較高、氣流更穩定的大氣層。此處形容公司發展到中等規模，相對穩定的狀態。

仗打得太過膠著了。

所以，二〇〇九年左右雷總意識到移動互聯網已經啟動，二〇一〇年成立小米，開始發布MIUI，二〇一一年年底發布第一款手機，二〇一四年小米年銷售七千多萬台手機。到二〇一六年年底，MIUI的活躍用戶數超過兩億，透過生態鏈在小米手機的周邊建立了幾十個智慧硬體群體，年收入超過人民幣一百億元（約合新台幣四百五十億元）。這就是小米速度。

當然，我們有時停下來的時候，也會反思，「小米速度」從長遠來看，對產業和社會到底有沒有益處？對我們自身來講，我們覺得很多傳統商業邏輯可能不再適用，比如「創新擴散曲線」，這是由美國學者埃弗雷特·羅吉斯（Everett M. Rogers）於一九六〇年代提出的理論，意在透過媒介勸服人們接受新觀念、新事物、新產品，曾經在過去幾十年為業界所推崇。但是在移動互聯網時代，人們接受或者使用新產品、新事物的態度和速度，完全打破了傳統的認知。也許小米的出現，加速了很多事物的進程，但我們認為，即便沒有小米，傳統的「創新擴散曲線」也必然會發生根本上的轉變，因為時代就是這樣呼嘯前行的。

有速度才能跑出先鋒勢能

速度之所以如此重要，還有一個原因：有速度，才能保持先鋒性。

我們認為，現在做商業，先鋒性非常重要。一旦一家企業具有了先鋒性，（1）它可以吸引最頂尖的人才來做出最好的產品；（2）它會吸引更多投資人的關注，可以融到大量的資金；（3）它會引起更多媒體的關注，高曝光度有助於品牌的傳播與塑

造。也就是說，先鋒性可以自然吸引很多資源，隨著資源的聚集，勢能就出現了。

比如，矽谷是全球創新創業的發源地，大家都認為這裡最具有先鋒勢能，全球人才都往這裡聚集，全世界的目光都往這裡聚焦。這裡出現任何創新技術，都會以極快的速度被大眾熟知，並且在全球範圍內被模仿、被追隨。這就是先鋒性帶來的勢能。

再比如，小米在二〇一一年就考慮要做智慧手錶產品。當時德哥在小米內部組建了五個工程師團隊來開發這個產品。但後來發現，以小米當時的力量，難以做成這件事。試想一下，如果以當時小米在行業內的影響力，推出一款智慧手錶，用戶一定會問：小米是誰？智慧手錶是什麼東西？有什麼用？

如果蘋果公司來做這件事，一定會有大量用戶追隨，大家認為智慧手錶就是流行趨勢，是最新、最酷炫的可穿戴產品。事實證明，在蘋果公司之前，很多企業都嘗試過生產智慧手錶，但都未能成功。直到蘋果手錶的誕生，才算點燃了這個市場。這就是勢能的一種展現。當然，還有一個原因，以蘋果公司對供應鏈的強勢，它生產智慧手錶，是可以打通整個供應鏈的，而我們當時完全沒有這個能力。

當然，即便在矽谷，不同時代具有先鋒勢能的企業也在不斷變化中。二十年前的微軟、英特爾占據IT產業的上游，握有核心技術，具有先鋒勢能，所以它們網羅了全球的優秀人才，吸引所有媒體的關注，在它們周圍也聚集了大量的下游企業，追隨它們的技術路線進行升級。它們成為IT時代的寡頭。

在互聯網時代、移動互聯網時代，谷歌、蘋果、臉書又成為具有先鋒勢能的公司，優秀人才開始向這些公司流動，媒體為這

些企業而瘋狂。這兩年，矽谷最具先鋒勢能的公司還在不斷變化中，做電動車的特斯拉（Tesla）、做火箭的SpaceX（美國太空探索技術公司）等公司，又成為矽谷新的明星。

　　所以，究竟什麼是先鋒性？我們認為**由技術或是模式的領先性帶來的勢能就是先鋒性**。小米生態鏈的竹林效應就具有先鋒性，我們這種孵化模式發展得快，成功率高，年成長率超二○○％，甚至在二○一六年不得不兩次提出剎車、減速。小米的資源和從小米抽調出來的這批工程師，如同竹林強悍的根系，不斷催生出新的竹子。小米模式的核心是高效率，在每一個環節提高效率，並壓縮成本，產品本身則追求最優解和高品質，所以每推出一款產品，都會在市場上形成強烈的衝擊。

　　先鋒性非常重要，而保持先鋒性是另一個議題。任何先鋒性都會隨著時間的推移而削弱，就像矽谷熱點的不斷轉移，這就需要不斷尋找新的先鋒性補充進來。在網路時代，一切節奏加速。先鋒性可以帶來兩、三年的勢能，但很難保持五、六年。這一點在小米手機上表現得比較明顯。

　　所以我們投資的小米生態鏈在先鋒性的維度上還有以下幾個目標：

1. 保持小米品牌的熱度；
2. 提供銷售營業額的支撐；
3. 加大小米的想像空間。

　　這三點也是小米生態鏈的先鋒性表現，國內其他手機廠商都沒有建立這樣的生態鏈。一旦手機的先鋒勢能降低，可能很快就

會被市場淘汰。其中最典型的例子就是諾基亞（Nokia）和摩托羅拉（Motorola），它們分別是兩代手機業巨頭，分別稱霸市場三五年。但一旦手機業務受到衝擊，根本沒有可以保護手機業務的護城河，業務大廈瞬間倒塌。

　　儘管小米和小米生態鏈都處於野蠻生長的狀態，我們也發現需要補上的功課還很多。在二○一六年我們放緩投資的同時，開始梳理內部的組織架構，正式發布米家品牌，並對產品品類進行規劃和梳理。小米生態鏈是一個非常複雜的生態系統，也是一種全新的模式，我們還需要不斷總結和學習。

　　我們暫時給未來小米生態鏈兩到三年內設定的邏輯是：

1. 梳理品牌，要把米家這個品牌做好；
2. 一步一腳印地繼續做好產品，每個產品都能拿得出手，可以提升消費者的生活品質；
3. 我們還需要苦心琢磨，如何保持先鋒性。當然，我們對此有一些想法，也正在執行這些想法，待我們沉澱一下再來和大家分享。

第三節　看透本質

　　創辦企業的這幾年，我們學到了一個非常重要的方法，就是要看透事物的本質。

找到本原邏輯

　　一個企業能否成功，是由非常複雜的因素決定的，中間有各種細節，但是我們要知道任何一件事情都有一個本原邏輯[34]，這一點非常重要。

　　小米喜歡講的「順勢而為」，雷總的「風口論」，都是尊重「本原邏輯」，一旦找到本原邏輯後，很多問題就可以理順了。

　　「認知世界，一定要知道這個世界的本質是什麼；認知時代，要看清這個時代的本質是什麼；進入一個行業，也要找到行業的本質。否則，就無法順勢而為。」德哥愛跟我們強調本質。

　　行動電源的那一仗，就是看透了這個行業本質是尾貨市場的事，才找到了切入的契機。

　　怎麼理解一個行業的本質？咖啡廳的本質是賣咖啡嗎？不盡然。它是一個讓人們休閒、消磨時光的場所，所以與咖啡廳競爭的，不只有茶館，還有電影院；它還是一個聚會、交流的地方，那麼它的競爭對手則是餐廳、酒吧；它還可以是一個思考、寫作的地方，那麼它的競爭對手則有可能是圖書館。那麼，在做咖啡館的時候，你考慮的可能不只是咖啡館，而是一個消磨時光的場所，或是聚會的場所，抑或是一個可以安靜地坐著的地方。不同的本質定位，對於位置的選擇、裝潢的風格、菜單的搭配、服務的內容，都會出現完全不同的結果。

　　德哥有一次和碧桂園的創辦人楊國強一起開會，後來聊起來，德哥意外地發現，這家房地產企業能做到成立後的前十六年，每年都保持一○○％的成長率！「以前在我的腦海中，只有

---

[34] 內在本質，內在最根本的規律。

互聯網（網路）公司才能達到這樣的發展速度。」他說。

　　在與楊國強深聊之後，他發現，碧桂園本質上就是一家極具網路思維的公司，它具備了以下四大特點：

1. 做最大的市場。城市都是由建築構成的，那麼房地產一定是最大的市場。要做，就做最大的市場。

2. 要有取捨，有所為有所不為。在二〇一五年八月宣布進軍北上廣深（北京、上海、廣州、深圳）之前，碧桂園從來不進入一線城市，戰線基本都放在二、三、四線城市，被稱為「三線王」。雖然不進入一線城市，但碧桂園有一條規矩：要做就做當地最好的房地產商。

3. 追求性價比。碧桂園在三、四線城市的銷售價格，比萬科地產的成本還要低。成本控制得很好，營運效率非常高。

4. 老闆是產品家。楊國強是建築工人出身，工地上哪裡丟根線他都很清楚，一塊磚多少錢他一看就知道。

　　在大眾的眼裡，碧桂園一定不是一家網路公司。但是碧桂園的這四個特點，本質上就是網路企業的精髓體現。還有更厲害的：其他的房地產商建的是房屋，碧桂園往往是建一個小鎮，具備郵局、醫院、銀行、餐廳等許多服務設施。一個小鎮吸引了十幾萬的住戶，這些住戶就會在服務設施上不斷花錢。這不就是典型的網路商業模式嗎？即長尾理論[35]，吃人口紅利。

---

[35] 長尾理論（The long tail）：只要通路夠大，非主流的、需求量小的商品「總銷量」也能夠和主流的、需求量大的商品銷量抗衡。

前面我們提到，從本質中尋找商業模式，你看到的咖啡館未必是咖啡館，你看到的房地產項目，或許是網路思維的最佳實踐。所以我們看事情、做事情，都要看透本質，抓住本質，順勢而為。

效率，效率，還是效率

最後說一下，一切商業的本質是什麼？其實就是降低成本、提升效率。小米從成立到現在之所以在高速發展，最核心的原因就是效率高。

舉個例子，為什麼電子商務會快速崛起？京東是從中關村電子賣場起家的，創辦人對商業的本質有著深刻的認識：降低成本，提高效率。電子商務是商業的一種演進形式，本質上還是商業，只是從這兩個方面推進商業的進步。京東在發展的過程中，在商品流通的整個鏈條上都努力降低成本、提高效率，所以京東會發展得這麼快。這就是順勢而為。

說起來大家可能都不會相信，當小米員工發展到兩千到三千人的時候，已經算是一家中型公司了，當時的公司營運成本只有四％。現在員工已經達到一萬人，營運成本略有提高，但還是遠遠低於傳統家電企業。

小米的產品可以做到品質優良、價格低廉，進入一個行業就成功地啟動一個行業，甚至顛覆一個行業，靠的不只是技術的創新，更是高效率。

去除中間環節

當消費者在小米網或是智慧家庭 App 下單購買小白智慧攝影機之後，小米的倉庫系統會馬上收到這個訂單，省去了中間的層層代理，這個商品會透過宅配司機第一時間送達消費者手中。凡是在小米網上購買過商品的消費者，或許不會對這種便捷的購物流程感受到任何特殊之處，似乎跟在京東、天貓上購物的體驗差不多。

但事實上，小米與京東和天貓有著本質的區別。京東和天貓只是電商平臺，它們搭建起了廠商與消費者之間的橋樑。而小米的模式是「前店後廠」，我們是在賣自己的產品。這兩種模式的本質區別在於，小米在自己的前店後廠模式下，產品流、資金流、資訊流，這「三流」是在小米與消費者之間直達的，沒有任何中間環節。

二〇一六年八月，互聯網零售商（Internet Retailer）公布了全球十大電商平臺，小米位居第八。中國一共有四家電商平臺入榜，其中阿里巴巴、京東、蘇寧分位列第一、第四、第七。與以上三家不同的是，小米網是以銷售自有品牌產品為主的電商平臺。更有意思的是，在這張前十的榜單中，共有四家是「前店後廠」模式，按照排名依次是蘋果、小米、戴爾和三星。

盡可能地去掉一切不必要的中間環節——這就是小米供應鏈的核心特點。利用高度發達的資訊技術，小米直接面對最終使用者，高效率地實現了產品流、資金流和資訊流的「三流」直達。

產品流的直達非常容易理解，小米銷售的產品是以自有品牌為主，在小米網上下單，產品直接從小米的倉庫送達消費者手中，沒有其他中間環節。

　　第二個是資金流直達。消費者下單後，無論是透過小米支付或是其他各種網路支付手段，完成交易後，資金都是直達小米，不會停留在中間任何一個環節。消費者在京東、天貓等電商平臺上付款後，一般都會在六到十二個月後，貨款才會到達廠商手裡。因此資金周轉率高是小米模式的一大特色。

　　最後一個，也是最重要的，是資訊流雙向直達。雷總常把「和用戶做朋友」掛在嘴邊，小米也確實一直以「和用戶做朋友」的方式去做產品。消費者收到商品之後，有任何問題都可以在商品評價區留言，或者在小米論壇上討論，或者致電小米客服。小米擁有一個數千人組成的客服團隊，這也是小米的核心特色。小米一直堅持自己營運客服業務，而且客服團隊是與小米的工程師們在同一棟辦公大樓裡辦公。數千名客服每天服務的客戶諮詢量是以十萬為計量單位的，由此也會產生海量的數據資訊。

　　資訊的雙向直達，讓小米可以聽到消費者最真實的聲音，了解消費者的需求，快速升級迭代產品。而消費者也能直接聽到小米的聲音，獲得更好的消費體驗。避免由「中間人」傳遞資訊，不僅可以讓資訊迅速互通，還能夠減少資訊的失真。

　　從這「三流」直達來看，其實都指向一個主題，那就是效率。運用網路工具提高效率，降低成本，做出打動人心的好產品，全力提升用戶體驗，是雷總指出的大方向，也是小米供應鏈在設計上的主要考量。

線下新物種

　　在全球十大電商平臺中，有一家公司叫戴爾。這是一家非常神奇的公司：在PC時代發展初期，全球PC大廠幾乎都是採用層

層分銷、逐級代理的銷售模式。唯獨戴爾以直銷模式切入市場，前店後廠，砍掉了一切中間環節，以遠遠低於同行的價格直接賣給消費者，在短短幾年內一躍成為全球PC行業的老大。十幾年前，戴爾的工廠裡就開始鼓勵員工對每一個生產環節提出創新點子，只要能夠提升效率並被工廠採用，這個員工就會得到額外的獎勵。

關於戴爾的故事，這裡不再贅述。總結下來，就是戴爾透過對整個供應鏈上「三流」的改造，砍掉了所有中間環節，並讓每一種「流」的運轉效率達到最高。所以，戴爾能夠以很低的價格向消費者提供更好的產品。

小米今天對供應鏈「三流」的改造，與戴爾當年的想法有點類似。不同的是，今天的資訊技術更加先進，製造業的基礎也更強大，小米的改造空間比戴爾要更大一些。

戴爾在稱霸PC市場幾年之後，市場競爭環境、資訊技術手段、用戶消費特徵都開始發生變化，戴爾的競爭優勢變得不再明顯。在後來很長一段時間裡，戴爾仍然固守直銷模式，因而在PC市場逐漸被競爭對手超越。

今天，戴爾在這張榜單上，依然可以排名前十，我們可以得出兩個結論：（1）前店後廠的模式，具有非常巨大的市場前景，並且有著很強的同業競爭力；（2）沒有一種模式可以永遠有效，不能躺在成功簿上睡大覺，必須要根據環境變化不斷進行調整。

小米用網路手機的模式，打開了市場，確立了自己的位置。接下來也必須要順應整個行業的變化，增加線下管道。我們計畫未來三、四年內在中國境內建立一千家「小米之家」，讓小米和

小米生態鏈的產品一同進駐這些店面，面向更廣泛的消費者。

我們進入線下管道是基於四個方面的考慮：

1. 線上管道的覆蓋有一定局限性，還有海量的用戶未覆蓋，特別是三、四線市場的用戶。
2. 有一定比例的消費者，其消費習慣還停留線下購買的模式，他們不使用網路購物或是不喜歡網上購物。
3. 小米生態鏈上的產品品類越來越多，很多商品介紹在網上只有照片和影片，使用者是沒有感覺的，必須透過線下管道的展示和體驗，用更有效的方式打動消費者。
4. 實體店面也將成為小米及生態鏈品牌建設的一部分，這些「小米之家」在銷售產品的同時，也傳播了小米的品牌價值，在消費者心中建立起鮮明的品牌形象。

當然，我們拓展實線下管道絕不是一種模式的倒退，而是一個「新物種」。現在很多廠商在中國境內動輒建立十幾萬、二十幾萬家店面，但我們認為這種模式並不符合小米的基因，有兩個字深深地植根於小米的基因裡：效率。

在向線下發展的時候，我們依然要將「三流」控制在最短的環節，並透過先進的IT技術和大數據分析，讓「三流」達到最高效率。比如，我們一千家店面的選擇，會依據一套自己的標準，讓這一千家店面在全國的分布達到最合理；我們每家店面面積只有兩百五十平方公尺左右，每家店的營業額我們平均可以做到人民幣七千萬元（約合新台幣三億兩千萬元），這是一個什麼

概念？就是平效[36]達到了人民幣二十五萬元（約合新台幣一百一十萬元），而之前中國零售店最好的平效大概是一萬兩千元（約合新台幣五萬五千元），我們將做到這個效率的二十倍；我們還會透過大數據統計分析，對各個店面的商品品類進行合理配送，讓商品的周轉率達到最高，減少庫存損失……。

從線上到線下，我們正在探索更先進的管理模式，同時尋找線上與線下的平衡點。我們現在還不能完整地描述出這個新物種的特性，但方向很清晰，就是利用一切最先進的資訊技術，將線下的「三流」做到最高效率，同時尋找線上線下平衡的最優解。

第四節　保持逆境狀態

小米有一個特色的做法，叫作保持逆境狀態。我們覺得要有勇氣讓公司處於「逆境」中，不能讓自己過得太舒適，這是保持戰鬥力的一種方式。

賣白菜可以鍛鍊出尖刀一樣的隊伍

高毛利的公司就像在做賣白粉的生意，利潤非常高，賣白粉你有九次出問題，但有一次成功了，你就能賺到錢，那種生意很

---

[36] 平效是中國用來計算商場經營效益的指標，指的是每平方公尺的面積可以產出多少營業額。坪效是台灣計算商場經營效益的指標，指的是每坪（三‧三平方公尺）的面積可以產出多少營業額（營業額÷專櫃所占總坪數）。此處為平效。

難進行精細化管理，就是碰運氣。

　　低毛利的公司像賣白菜的，利潤微薄，掉幾片白菜梗可能就破產了。我們會保護好每一片白菜梗，所有環節都做到精細化，久而久之，鍛鍊出尖刀一樣的隊伍，戰鬥力很強。

　　產業界有一種觀點很流行，認為低毛利的公司一定不好，那代表不賺錢，似乎說出來很丟人。其實低毛利根本不丟人。我們看看當年的沃爾瑪（Wal-Mart），今天的Costco、無印良品、UNIQLO，都是低毛利的企業。但是Costco的本益比是三十倍，和網路公司一樣。它是如何做到的？就是任何產品都保持一％到一四％的毛利率，限制毛利率，逼著自己改善項目，企業效率也被逼得提高了。我們相信，若企業能在艱難的生存狀態中存活下來，其隊伍一定是強悍的。一家公司有勇氣始終保持低毛利，就是接納一種逆境，而適當的逆境往往讓企業的本質更為強韌。

處於順境如同溫水煮青蛙

　　從另一個角度看，企業在逆境中容易做決策。因為在逆境中容易發現問題，可以立即解決問題。而且在逆境中做決策沒什麼好猶豫的，必須要做，大家的分歧也會比較少。

　　而順境中企業總覺得自己發展得不錯，就像是溫水煮青蛙，企業一、兩年都發現不了問題，也就不會做什麼決策，一切正常運轉著。等到第三年發現問題的時候，為時已晚，補救的代價更大。

　　從二〇一五年下半年開始，小米手機業務遇到了挑戰，我們知道這是遲早要來的事情，只是比我們預計的來得早了一些。在二〇一四年之後，小米有一段時間發展得太順利了，導致我們忽

略了兩件事：一是三星退出中國市場的補位問題，華為很成功地拿到了三星「退」出來的市場份額；二是我們線下店面的布局動作慢了，總覺得線上銷售量成長較快，雖然也開始了線下的布局，但動作比較慢。「誰也不是神，順風順水的時候，怎麼會預見到全部問題呢？」德哥說。

再舉一個例子，我們的電子鍋上市以後賣得很好，銷量超出預期。楊華來找德哥匯報情況時說：「德哥，電飯煲（電子鍋）賣得太好了，總體利潤還不錯。我們手裡現在有一億多現金，理財也做得很好……。」

還沒等楊華說完，德哥就被這一連串的好消息「嚇」出一身冷汗：「你趕緊把這一億多花出去，花在四件事上：第一，繼續去找全球最好的人才；第二，增加產能；第三，降低成本；第四，打造品牌賣出更多的電飯煲。」

電子鍋暢銷當然是好事，但德哥擔心的是一開始就很順利，容易讓創業者掉以輕心，所以很早就提醒楊華，繼續加注資金投入來擴大市場領先的優勢，同時這個階段不適合在手裡持有太多的現金。一定要讓成長中的公司保持逆境狀態，不要過早地享受成功的喜悅。

如果是一家獨立新創企業，沒有小米全方位的支持，很難取得今天的成績。所以我們很清醒，很多生態鏈企業今天的能力與今天的成績還不足以相匹配，裡面有一些被我們「催熟」的成分。順境時保持清醒和警惕，賺得的每一分錢都很重要，沒有一家公司的錢多到可以隨便揮霍的程度，要透過降低成本來不斷增強自身的戰鬥力和系統性能力。只有這樣，在遇到經濟蕭條的時候，才能順利度過。

在二〇一五年之前，小米連續幾年發展非常順利。在二〇一四年的時候，產業發生了一些變化，但處於順境中的小米並沒有意識到。那一年阿里巴巴開始布局線下業務，說實話這個信號沒有引起我們的警覺。阿里公司規模龐大，天塌下來一定會砸到個子高的，所以阿里對市場的變化非常敏感。如果那個時候，我們發展得不是太順利，看看別人在做什麼，可能就會意識到單一的網路模式已出現瓶頸，需要向線下拓展業務了。

世界上沒有神，大家都是凡人。二〇一四年我們只用了兩年多時間就做到了中國手機市場第一的地位，注意力都在手機市場的成功中，確實忽略了部分信號。

「健身房」生意

在生態鏈上，大家總是說紫米公司的張峰「比小米還小米」，為什麼？在英華達工作的時候，張峰遇到過這樣一件事。二〇一〇年，時任英華達南京總經理的他，為了爭取更多的手機訂單，去拜訪了北海道的一個日本手機廠商。這個廠商的高階主管非常禮貌地接待了他，但明確表示，不可能跟英華達合作。三個月後，這家手機廠商的高階主管團隊意外地出現在南京，主動找到了張峰。原來，他們給美國營運商報價時出現了誤差，把價格報成了十幾美元，但成本恐怕五十美元（約合新台幣一千五百元）都壓不下來。這筆生意一定會虧錢，這家日本手機廠商想來想去，決定到中國來碰碰運氣，看看能不能把成本控制在五十美元，儘量減少損失。

張峰帶領英華達的團隊，和日方花了兩天的時間，核對了所有的成本，發現五十美元還是做不下來。最後一天下午，日方團

隊開始沮喪地收拾行李，準備離開。此時，張峰做了一個決定，他說：「我寫一個價格，如果你們覺得可以，我希望我們可以長期合作。」

張峰在黑板上寫了一個價格：四十九美元！

日方團隊的人下巴差點兒沒掉到地上：五十美元做不來，四十九美元你卻接我們的訂單？

張峰當時想的，不是單單這一筆生意，而是長期的合作。在他看來，這一筆虧本的買賣，就是「健身房」生意：農民在田地裡工作一整天，身體非常勞累，但是為了賺錢他必須下田幹活。其實，下田幹活賺錢的同時，也可以鍛鍊身體。同樣，很多人都跑到健身房去鍛鍊身體，一樣累得滿身大汗，不但不賺錢，還要付錢給健身房。在張峰看來，虧本的生意就是健身房生意，這筆生意我可能賠錢，但是我鍛鍊了我的生產線，讓自己變得更強壯。

當然，這個訂單最後並沒有讓英華達賠錢。產品開發用了八個月時間，八個月後很多零部件的價格大幅下降。等到真正開始生產的時候，每台手機反而可以倒賺九美元（約合新台幣兩百七十元）。而日本的這家手機廠商因為對英華達心存感激，手機價格一直維持五十美元不變，並且還陸續把分散在世界其他工廠的訂單轉移到英華達來。

張峰是「健身房」生意的積極宣導者。「我不關注利潤，而是效率。只關注利潤會讓我們喪失理想。」作為生態鏈上的資深人士，張峰經常給兄弟們分享經驗和資源。他最常對大家說的一句話就是：「不要被利潤綁架。」只關心產品高利潤的時候，團隊競爭力會降低。如果團隊對一毛錢的利潤都很珍惜，那麼一定

會想辦法把效率提升到最高。「利潤低，我們踏實。利潤高，反倒不踏實。」

正是因為這樣的理念，張峰被稱為「比小米還小米的人」。

一毛錢的利潤就燦爛

張峰　紫米科技CEO[37]

我關注的是效率，我從來不關注利潤。

從一九九九年開始做移動互聯網產品，那時候手機業務非常賺錢。二〇〇二年，我們（指英華達南京工廠）又去做小靈通（個人手持式電話系統）了，因為小靈通更賺錢，成本不到定價的五〇％，賣人民幣五百多元的，成本只有兩百多元。到二〇〇五年山寨機就出來了，我們把智慧機都放棄了，根本就看不上智慧機，比如臺灣的大眾電信，人民幣一百元（約合新台幣四百五十元）的手機當時成本是二十元。那時候，我們的眼睛完全盯著利潤。

二〇〇五年開始，公司每年的淨利達到人民幣四、五億元。到二〇〇七年，我們發現這個利潤沒辦法繼續推高。當二〇〇九年小靈通這個市場突然消失的時候，我們九〇％的利潤一下子就消失了。

---

[37] 張峰現已任小米供應鏈副總裁。

　　利潤消失之後是什麼？第一，你的團隊有一千三百名工程師，非常可怕。當你要去優化結構的時候，突然發現團隊怎麼這麼龐大？因為賺錢的時候，完全不管效率，缺人就招。等到你沒有業務的時候，你看到的是一片亂七八糟的景況，非常可怕。

　　所以我個人認為，特別對於初創公司，效率很重要。從我的經驗來看，利潤會讓我們喪失理想，你會被利潤綁架。

　　做高利潤的產品，會讓團隊喪失競爭力，你的團隊有可能是不健康的。只要一毛錢的利潤我們心裡就非常燦爛。但是我們究竟要什麼？我們要效率，就是怎麼做能夠提升效率。

　　我理解的效率，一方面是市場本身比較大，投入下去可能有比較大的產出；另一方面產品的更新換代不一定那麼快，我們能夠一下投入進去，把這個事情做好，就不需要反覆地投入。

　　所以我可能跟大家的心態不一樣，如果小米的生態鏈裡面能夠安排我做一個利潤低的，甚至虧錢的產品，我會感覺比較踏實，利潤高的產品我反而感覺不踏實。

第五節 「十一羅漢」模式

　　我們想分享一下小米生態鏈在團隊建立上的一些心得。

　　「我過去常常認為一位出色的人才能頂兩名平庸的員工，現在我認為能頂五十名。我大約把四分之一的時間用於招募專業人才。」蘋果公司創辦人史蒂夫・賈伯斯（Steve Jobs）的一段話，對雷總創業初期影響最大，在創辦小米的過程中他將賈伯斯

的做法更是演繹到極致。

在小米發展的初期，雷總最多的時間是花在招攬人才這件事上。按時間比例分配，在初期，他超過一半的工作時間都是用在招募人員上面，經常會因為一個關鍵職位，面試幾十甚至上百人。他堅信，一個好的工程師，會比一百個普通工程師創造的價值更大。

雷總一直認為，最好的人本身就有很強的驅動力，你只要把他放到他喜歡的事情上，讓他用玩的心態來做產品，他就能真正做出一些意想不到的成果來。首先打動自己，然後才能打動別人。所以你今天看到我們很多的工程師，他都在邊玩邊創新。

我們生態鏈上將這樣的人稱為對產品「有愛」的人。生態鏈上的產品線非常廣，由哪個工程師來負責哪條產品線，我們決定的方式就是誰對這個產品最「有愛」，誰就去做，在李寧寧的ID設計組裡也是一樣，誰對這個產品「有愛」，誰就可以接下這個產品的設計任務。

找到各領域最頂尖的人才，接下來就是人才組合的問題。搭建起一個團隊，才能形成一股眾人之力，把事情做好。小米合夥人制度，就是在這樣的想法下形成的。七個合夥人，每個人都是自己領域的頂級專家。七個極為聰明的人在一起，相互信任、相互配合，才能完成一整項精密的任務。

謝冠宏將這種人才模式稱為「搶商業銀行模式」。搶銀行是一個風險極高的行為，成功率很低。要想成功，必須有一群非常專業的高手相互配合，缺少一個角色都無法完成整個過程。

好萊塢電影《十一羅漢》（*Ocean's Eleven*，台灣上映時電影名為《瞞天過海》）就是一個典型案例，十一個人組成一個團

隊，有人負責整體計畫的縝密性，有人負責精密爆破，有人是頂級駭客，加上一個身手異常敏捷的神偷，一個能開世界上所有保險櫃的開鎖高手，一個汽車改裝高手兼神級駕駛，一個滿身絕活的雜技精英，還有一個精通化妝術、瞞天過海的百變大咖……。他們每個人都是自己領域的頂尖高手，但搶賭場金庫這件事是高難度的，沒有一個頂尖高手可以勝任整個過程，需要這些不同領域的高手相互配合，缺一不可，環環相扣，才能完成這個複雜的過程。

做手機、智慧硬體，都是很複雜的工程，某項技術達不到極致，是無法保證所有環節成功的。所以在小米生態鏈上，「搶銀行模式」的團隊非常流行，這種團隊有兩個核心特徵：一是高手雲集，降維攻擊；二是跨界合作，夢幻組合。

降維攻擊，殺雞用牛刀

德哥常常喜歡說一句話：殺雞用牛刀。「牛刀」就是指生態鏈上的多位資深業界大老。

張峰的團隊以前是做手機的，在生態鏈上負責行動電源項目；黃汪的團隊，以前是做智慧手錶的，現在做小米手環；謝冠宏在富士康的時候，參與過蘋果iPod、亞馬遜Kindle等項目的開發，現在來做耳機……。用最專業、最頂級的人才，做看似不起眼的家庭智慧硬體產品。這點其實很「獨特」，我們就是要「大材小用」。我們努力地在全國範圍內甚至全球範圍內挖掘最好的人才，讓我們生態鏈企業的人才結構更臻完美。

用牛刀殺雞，其實並不輕鬆。張峰雖然擁有二十多年智慧行動產品經驗，但當他接手做行動電源項目的時候，就開始焦慮。

「我們一群做手機的人，如果連移動電源（行動電源）都做不好，是不是太丟人了？」大材小用的張峰，創業初期給了自己不少壓力，「我們只有比別人幹得好，才能算及格。幹得跟別人一樣好，就是失敗了。」在這樣的焦慮情緒之下，團隊付出了更多的精力去挖掘比別人做得更好的亮點。這本來就是一把殺牛刀，卻卯足了勁兒去殺一隻雞，結果就是小米行動電源重新定義了這個行業，改寫了行業標準。

降維，本質上也是一種跨行，即外行人做內行事。謝冠宏認為，沒有經驗也是一種優勢。他做耳機真的是從零開始，以前從未接觸過這個產品，幾個產品做下來，他得到一個結論：沒有經驗，恰好是取得成功的要素。

聽起來很奇怪，沒有經驗，反倒是成功的要素？謝冠宏解釋了三個理由：

第一，因為沒有經驗，人往往會變得更謙遜，能放下身段，沒有負擔。他做耳機就是這樣，反正也不懂，到處找人，四處請教，外行人請教內行人，不管自己年齡有多大、背景有多光鮮，都能放下身段。有些問題，他解決不來，就乾脆請懂的人來解決。

第二，因為沒有經驗，對很多事不夠了解，就會有戰戰兢兢的心態。每一件事都會問為什麼，每一個細節都會反覆檢查，不敢有絲毫懈怠。雖然有時候會感覺囉唆，但每次的結果都非常好。

第三，因為沒有經驗，就沒有「天花板」，只要你想做，像阿甘一樣，反而能做成。很多在行業裡有經驗的人，以為世界就是這樣子，車子就應該這樣開，飛機就必須有機翼，很多「天花板」都是自己製造的。

　　在這裡和大家分享一個故事。很久以前，美國麻省理工學院邀請全世界的大學生參加橡皮筋動力飛機比賽，北京大學、清華大學也在邀請之列。當時都還是用傳真機傳送資訊，報名須知上面要求的參賽資格是，飛機的滯空時間最少要十五秒，否則就不能參賽。中國的大學，那時候條件不好，傳真機有問題，結果中國學生把十五秒看成了五十秒。中國學生認為這個參賽標準就是五十秒，於是就按照五十秒的最低標準去製作飛機模型。

　　結果在比賽的時候，神奇的一幕發生了：各國學生的飛機一起飛上天，然後一個個慢慢掉下來。而有一架飛機一直在飛，仔細一看是中國學生的！中國學生得獎以後接受訪問，為什麼你的飛機滯空時間超過別人的那麼多？被採訪的學生說他也不知道，他以為最低標準就是五十秒。沒有十五秒的天花板，竟然可以創造出五十秒的奇蹟。

　　所以用降維攻擊的方法，有三大好處：第一，是將更高、更嚴苛的產品標準帶入傳統產業，打破了原有產業的舒適圈，產生了鯰魚效應，啟動了一個產業，改造了一個產業。比如，用做手機的標準去做家電，這種思維幫助我們在很多產品的細節上做了許多突破；第二，降維攻擊時目標會設定得更高，否則會感覺「丟人」，高目標就更容易產生高品質的產品；第三，沒有思維的天花板，可以用阿甘精神創造一個又一個奇蹟。

　　我們戰戰兢兢，恐怕降維後做不好產品，所以更加謹慎。但偶爾也難免會犯「外行人」的錯誤。比如，米家簽字筆上市以後，被用戶用電子顯微鏡拍照、拆解、分析，發現筆的重心有些偏高，這會導致用戶在書寫時的體驗並不完美。這應該是一個專業性的問題，確實不應該出現。我們馬上研發更新迭代產品。那

一次的教訓，讓我們更加意識到跨界、降維的重要性，但原有行業裡最專業的人才更為重要。

跨界組合與梅迪奇效應

這年頭，玩跨界才是最時尚的展現存在感的方式。對企業來說，團隊成員的跨界思維和學科交叉帶來的效果，不僅僅是刷存在感，它們在一起產生的化學反應可能會研發出意想不到的產品。

純米公司的楊華，在準備做一個好的電子鍋時，除了從日本請來電子鍋專利發明人，還從蘋果、摩托羅拉、IBM、美的（Midea）、飛利浦、三洋挖來一堆高手。這個團隊的成員是來自IT與家電兩個行業的跨界人才，並且分別在IT和家電領域擁有十幾年經驗。這些人以前待的是兩個完全不同的圈子，所謂隔行如隔山。「一開始的心態就是要求大家放空，放下以往所謂的經驗，以空杯心態在一起合作。」

如果沒有跨界合作，就無法打破很多慣性。比如電子鍋研發了一年多時間，僅電板彎折一項，就做了無數次實驗。以前在家電行業那些人在實驗失敗時，多次提出放棄。他們來自家電企業，他們對家電太了解了，以前都不這樣做，也沒有人會想要這樣做。但是來自IT行業的那些人不懂，總覺得可以做到。在這件事上，做IT的人很執著，最終就成功了。

「在整個電飯煲（電子鍋）產品研發過程中，出現了許多挑戰，如果不是互相學習，那根弦早就繃不住了。支撐力來自跨界，打破思維，IT人覺得行不通的，家電的人覺得可以；家電人覺得不可行的，IT人覺得可以。」楊華對此感觸頗深，所謂專業人士，太懂、太明白，有時候反倒難以突破，而團隊的跨界

才能幫助我們真正做出一個比傳統家電企業做得更好的鍋。

　　生態鏈企業華米科技，就是生產小米手環的那家公司，團隊成員組合也是跨界人士。創辦人黃汪，是嵌入式Linux技術（以Linux為基礎的嵌入式作業系統）在中國最早的宣導者和資深專家，屬於技術達人。而他的團隊中有來自谷歌美國總部的原Android Auto（安卓汽車）團隊負責人，有獲得過多項FDA（美國食品藥物管理局）認證的原IBM矽谷人類情感及人體健康資料分析專家，原Netscape（網景通信公司）在中國及日本的創始元老，有原三星中國研究院的智慧語音及機器學習科學家，還有來自耐吉（Nike）等運動品牌的供應鏈管理專家……。這樣的團隊陣容堪稱豪華，而他們各自的從業經歷和知識體系，在研發小米手環的過程中，所產生的化學反應更是令人驚訝。要知道，手環不僅是一個硬體產品，更是一個人體ID，跟人體相關的資料都由這個產品記錄、統計、分析，並形成鮮明的個人屬性，未來將與更多的可穿戴配備相連接，與後臺龐大的人體資料庫相連，還會衍生出更多新的產品、新的服務模式。

　　創新管理學家法蘭斯・約翰森（Frans Johansson）將各種類型的交叉創新形容為「梅迪奇效應」──當人的思想立足於不同領域、不同科學、不同文化的交叉點上時，就可以將已知概念聯繫或混合在一起，大量不同凡響的新想法將迅速誕生。

　　如果說過去幾個世紀，人類的巨大進步來自對學科不斷細分的深入研究，那麼在當下及未來，單一學科已經無法再有效解決人們遇到的難題，必須由科學家、工程師、藝術家、人類學家共同解決。交叉學科，跨界融合，將是最時尚的解決問題的思維方式和工作方法。

最重要的是，思維模式的交叉解開了每個人因為教育所產生的思想枷鎖。

或者，世界上沒有大公司、小公司之分，只有創新公司和非創新公司之分。「梅迪奇團隊」鼓勵成員跨部門，鼓勵多元背景的融合，這些都是在打造創新環境。我們生態鏈公司就是具有這樣「氣質」的創新公司。

講真

跨界才是真正的創業

昌敬　石頭科技公司創辦人

我們在二〇一三年年底、二〇一四年年初準備創業，開始接觸投資人的時候，投資人並不看好掃地機器人這個項目，更不看好由我做這個項目。不看好由我做，是因為我完全沒有做過硬體，屬於零經驗。

在二〇一三年我決定去做掃地機器人之後，我花了很多時間去驗證。踏出創業這一步，肯定不是頭腦發熱，一定要想好怎麼做。在評估這個創業項目的過程中，我也動搖過，我沒有這方面的經驗，以前創業都是做 App、互聯網（網路）的項目，我能否搞定？對於未知的事情，內心確實有所畏懼。

所以，在二〇一四年有些動搖，當時又回去再看看是不是可以做些互聯網項目。但是看過一輪以後發現，那些互聯網項目，就是不能讓我感到興奮，但是一想到做掃地機器人還是挺興奮的，這時候感性就戰勝了理性。

我後來想，伊隆・馬斯克（Elon Musk，SpaceX、特斯拉汽車創辦人）也沒做過火箭，也沒做過汽車，但他不是做得很好嗎！所以我曾經跟投資人談論過這個問題，我說你們的邏輯是怎麼樣的？邏輯是你沒有做過，我就不投資。我說真正的創業者就是因為沒做過，所以要去做。

真正的創業者是什麼？如果是你之前最熟悉的領域，你把最熟悉的領域重新做一遍，那是商人，那不是創業者。比如我之前在大公司工作，包括我自己創業，做的是跟大公司一樣的事情，那叫商人。

比如，做互聯網項目是我最擅長的，但是我興奮不起來，因為我做了很多年的互聯網項目，我還是希望做一些自己沒做過的事情，把自己的人生再重複一遍也沒有意義。

第六節　去除噪音

小米的成長史，在中國 IT 界是一個「現象級」的事情，所以引來的關注度也非常高。從被捧殺，到被棒殺，我們的好與壞，都被放大數倍。

從小米開始銷售手機，我們就被扣上「飢餓行銷」、「忽悠」等帽子。二〇一三年、二〇一四年小米手機業務節節攀升，並成為中國手機市場份額最高的廠商時，又有很多聲音一味地誇讚小米，誇到我們都覺得不好意思。這兩年，唱衰小米的聲音此起彼落，好像罵小米已經成為「政治正確」的事情。

被捧殺

兩年前，我們遇到過很長一段時間被別人捧上天的經歷。那時候很多人吹捧小米，甚至把小米的方法論「聖經化」，到處傳播、學習。

主要有兩類人在這樣做：第一類是販賣小米的人。市場上有一些人靠販賣小米方法論賺錢，他們到處授課、遊說，拿著小米的案例去給企業當顧問，甚至幫我們總結一些所謂的方法論，好像在向創業者推銷靈丹妙藥一樣。第二類是想學習小米的人。小米成長得很快，很多創業者以為學習了小米的方法論就可以成功，所以一味推崇小米經驗、小米模式。這些人的內心是懶惰的，甚至願意相信創業是有現成的方法論可以複製的。

事實上，小米有一些思考的方式，有一些基本原則，但這些不足以成為別人可以複製的方法，更沒有一整套方法論可以販賣。沒有一家企業的成功可以複製，小米是「打」出來的，不是按照成功學理論「畫」出來的。

小米生態鏈經過三年時間，在行業裡已經成為比較領先的生態系統，我們平時要接待很多前來學習的企業。我們都會非常真誠地交流，我們沒有必勝寶典，只是把打仗中獲得的心得和故事和大家分享。跟這本書一樣，不是方法論，只是一部戰地筆記。

被棒殺

說完吹捧小米的，再來說說「米黑」。

小米內部對被黑其實已經比較淡定了，我們理解，因為小米是這幾年的行業熱點，所以無論是好的方面還是壞的方面，都在

無形中被放大。其他企業也經常遇到這樣的問題。比如蘋果公司，在二〇一六年成長趨緩，市場份額下降，庫克作為賈伯斯的接班人，在這一年裡扛了不少「雷」。

再舉一個有趣的例子，聯想在二〇一六年也是被罵得很慘，仿佛不踩上兩腳就跟不上時代。而華為在這一年幾乎被捧到天上去。其實，無論聯想昨天的成就，還是華為今天的輝煌，都是中國企業的驕傲。失去理性地一味批評、棒殺，無助於企業的發展，把問題分析到位並提出建設性意見，才是「中國真聲音」。同理，一味地神化、吹捧華為，也一定不是華為想要聽到的，如果真正挖掘到華為成功的經驗並分享給中國企業，才是有價值的聲音。

「米黑」大致有以下幾種情況：

比如，很多傳統領域，二、三十年沒有發生變化。因為在過去三十年，是物質缺乏時代，廠商生產出來什麼，都會有人買，不需擔心銷路。這導致很多製造行業的製造水準多年停滯不前，它們在自己的「舒適圈」裡停滯了很久。而小米就像一條鯰魚，進入一個行業攪亂一個行業，讓它們無法再躺在「舒適區」裡睡覺。其實現在的技術，完全有能力提升製造能力，但就是因為很舒適，那些企業並不主動進行變革。小米成了「革命分子」，副作用就是到處闖禍、到處樹敵，招來巨大的罵名。

再比如，消費者走進線下店面去買手機，經常會聽到導購員說小米手機不好。為什麼這麼多導購說小米手機不好呢？因為小米以前不走線下管道，沒有直營店、沒有加盟店，更沒有自己的導購員。線下做得好的手機廠商，比如另外幾家主流手機廠商，它們的代理和店鋪在全國有幾十萬家。我們粗略算過，這些主流

手機廠商有二十幾萬名導購員[38]，遍布全國。想一想，二十幾萬人的導購大軍，他們要推銷自家的手機，一定會說別家手機不好，小米是躺著也中槍最多的一家。這是我們的銷售模式所導致的，我們在線下的聲音太弱。

當然，也有一些米黑是真的很懂產品的消費者。不可否認，小米生態鏈的產品線很長，總銷售量大。米黑針對產品挑出問題，是我們最重視的聲音，絕對不會把他們當作噪音而排除掉。他們對於產品功能、產品設計以及服務方面的各種「刁難」，我們都會盡力全盤接受。

優先處理用戶回饋

在這一節裡，我們談了很多小米受到的「噪音污染」，而小米生態鏈的故事並不多。因為外界不太了解小米生態鏈，我們聽到的噪音，無論好的還是壞的，都不多。最多的回饋主要來自使用者對產品的評價。所有對產品的評價，我們都作為「最優先等級」處理，仔細分析、認真對待。

1MORE最早做小米活塞耳機時，因為考慮到小米手機都是安卓系統，因此耳機線控也是為安卓系統而設計的。然而也有蘋果用戶會買活塞耳機，用過之後跑到網上「抱怨」：「為什麼耳機線控在蘋果手機上用不了？」

「用戶有需求，而我們卻還沒做到，說明我們在規劃產品的時候考慮不夠全面」，謝冠宏這樣想的，也是這樣傳達給團隊：「做一個蘋果和安卓手機用戶都能用的線控！」負責電子技術的

---

[38] 導購員：透過現場服務引導顧客購買、促進產品銷售的人員。

工程師們、負責手機相容性測試的品管團隊和廠商夜以繼日，終於把這項智慧技術研發出來了。大家興奮之餘，也給團隊增加了一項工作內容，一有新手機上市就要拿來和耳機做相容性測試。

測試工程師說：「我們自己麻煩點沒關係，方便用戶使用才是最終的目的。」之後，1MORE推出的耳機基本上都延續這個特性，可以說，它是因用戶產生回饋而造福用戶的，但假如一開始並沒有重視用戶的「抱怨」，1MORE或許就與這項技術失之交臂了。

1MORE還遇到過這樣一件事情，有一名消費者找客服投訴，說自己的耳機放在洗衣機裡洗完之後壞掉了，令客服哭笑不得：耳機放在洗衣機裡洗過當然會壞掉。但這名消費者的意見提醒了公司CEO謝冠宏，他不僅讓品管團隊在耳機測試中增加了洗衣機測試，還模擬用戶的實際使用場景來「歷練」耳機。比如，在耳機表面塗抹汗液、飲料、化妝品、洗滌用品等六十多種生活液體，確保整機外觀結構的耐腐蝕性和耐久度。在1MORE看來，這些來自用戶、看似「魔鬼般」的細節，不僅可以提升耳機的品質、解決用戶的難題，也有可能促發產品創新。

再比如，仿冒品讓小米行動電源背了很多黑鍋。很多人買到的是仿冒的行動電源，不好用，就在網上吐槽，這個問題我們根本解釋不清。仿冒的行動電源還發生過幾次安全問題，都被媒體放大了。出事的時候，媒體紛紛報導。等我們調查完，確認這個產品是仿冒品，媒體就沒有興趣報導了，這事就不了了之。

有一次，香港的一位使用者使用行動電源時出了問題，聯繫我們的客服，我們非常重視，由五個人組成工作小組，專程飛到香港。到了那裡一看，產品是假的。然後我們跟他講，為什麼這

個產品是假的，並拆開給他看，告訴他如何辨認。後來他也認可
這是假的。臨走的時候，我們不可能讓他核銷我們出差的費用
吧？不僅如此，他是信任小米的品牌才買的行動電源，也是小米
的忠實客戶，我們又送給他一個小米行動電源以及一些其他的紀
念品，這位消費者非常感動。這件事一開始被媒體大肆報導，卻
沒有媒體關心事情的真實結局了。所以，外界能聽到的聲音是
「小米行動電源爆炸了」，而聽不到「那是一個仿冒小米的行動
電源」。

認清自己，堅定內心

從二〇一五年開始，小米手機業務受到挑戰，外界各種唱衰
小米的聲音越來越多。對於我們來講，要做的是去除噪音，找到
真正原因，分析挑戰是如何形成的，如何擺脫現狀，而不要被外
界唱衰的聲音亂了陣腳。

二〇一五年，三星退出高端產品市場，華為成功補位，其
市場地位迅速躍升。而我們缺失高端產品，錯失了這個良機。
OPPO、VIVO線下管道對三、四線城市的覆蓋能力確實很強，
三、四線城市消費人群的崛起正是它們市場爆發的根本原因。小
米線下管道從零開始建設，還需要很長的時間去彌補。這些是來
自外部的因素。

內部的原因是二〇一六年上半年，供應鏈不順暢，導致新機
型跟不上銷售的需求。市場競爭非常激烈，消費者本來可能想買
小米5，但我們的生產速度未能跟上，市場上有那麼多可選的品
牌，很多消費者不會拿著錢等小米生產出來，於是購買目標轉移
到其他品牌上，這讓我們失去不少機會。

所謂不被噪音影響，就是遇到困難不要慌張，要看清事物的本質，找到真正原因，不被輿論誤導，同時也要有相對應的應對措施。比如，因為二〇一六年上半年供應鏈的問題，雷總親自抓供應鏈問題，產能問題到年中已經有了很大的改善。我們線下行銷比較弱，在二〇一六年全面調整行銷策略，並請來三位明星一起為紅米代言。

講真

小米與亞馬遜很相似

謝冠宏　1MORE萬魔耳機創辦人

我看問題喜歡看趨勢，而不是只關心眼前的利益。雖然外界有很多質疑的聲音，但我對小米的未來充滿信心，這個信心來自小米與亞馬遜的相似之處。亞馬遜並不鼓勵投資者購買自己的股票，因為亞馬遜的發展以長期贏利為目標，總是在持續投入當中，所以每季度的財務報表都不好看。世界在變，市場在變，技術在變，流行趨勢在變，用戶行為在變，那麼什麼是長期不變的價值？答案是「用戶價值」。企業長期圍繞用戶價值去投資，是最有眼光的投資。亞馬遜就是這樣的公司。

小米模式的核心是效率，把通路做到最短，把品質做到最好，並且給客戶一個驚喜的價格。這個模式的核心就是提升用戶價值。所以我相信未來十年甚至二十年，這個模式一定是有效的。

　　而且我接觸到小米的人，他們一點兒也不傲慢，一直在自我檢討，一直在尋求改變。這樣的公司，一定會成功。

　　米粉和米黑，把聲音放大了很多倍，一路走來，我們學會了一個特殊的本事：去除噪音。我們必須要學會「去除噪音」，我們要辨別哪些聲音是對的，我們應該聽取；哪些聲音是噪音，完全不必去理會。其實不只小米，所有的企業都處於發展進程中，都要學會「去除噪音」，不被噪音干擾自己的戰略。

第七節　一場精密的戰爭

　　商戰是一場精密的戰爭。競爭包括團隊、品牌、產品、供應鏈、管道、用戶、資本、社會影響力等多個維度。每一個維度，都關係到整場戰爭的成敗。小米發展生態鏈的這幾年，打的就是一場多維度的戰役，每個維度要高度配合，缺少任何一個維度，都有可能造成整場戰爭的潰敗。

　　先說一下團隊這個維度。雷總認為找到頂尖的人才最重要，在他的思維邏輯中，一個出色的工程師發揮的能量，要比一百個普通工程師更高。聰明的人在一起做事，分歧很少，因為大家都專注在事物的本質上，不會在細微末節上打轉。聰明人懂得相互信任，團隊協同作戰，如果不能充分信任，是沒辦法打仗的。這裡要特別強調一點，很多領導者招攬人才時都願意找能力不如自己的，但在小米絕對不是，我們願意招攬各個領域全球頂級的人才。

　　第二個維度是品牌。我們覺得網路時代企業不是追求品牌大，品牌響亮，而是要追求品牌「溫度」。品牌要有個性，與用戶之間可以溝通、互動，讓用戶時常可以感覺得到。小米就是一個讓用戶深度參與的品牌。

　　第三個維度是產品。其實，任何一個企業想要成功，必須要有好的產品，找最優秀的人才也是為了做出最好的產品。我們說一個企業從0到1的創業過程，就是做出一款好產品的過程。做出了好產品，1之後就可以加很多個0。但沒有好的產品，沒有前面的這個1，後面有再多的0最終也還是0。

　　第四個維度是供應鏈。小企業總是感覺對供應鏈沒有話語權，受供應商擺布，大企業又總是壓榨供應鏈。這兩種都不是最好的狀態。企業與供應商之間應該是博弈的關係，中間需要達到一種平衡。這種平衡會讓雙方發揮最高的效率。這一點在後面供應鏈一章我們會有更詳細的闡述。

　　第五個維度是管道。企業與管道之間也是博弈的關係。沒有網路的時候，國美和蘇寧這類大的銷售平臺對廠商的擠壓很嚴重，我們聽到過無數家電企業抱怨，那是個管道強權的時代。但有了電商之後，各家電商之間爭先搶奪資源，線上與線下也在爭搶資源。同時，企業與管道之間的博弈也變得更微妙，比如京東眾籌平臺與在上面發起眾籌的企業在博弈，天貓與各個品牌旗艦店也在博弈。有的時候是管道強勢，有的時候是品牌強勢。小米創業初期，以線上管道銷售為主，就是出於效率的考慮。現在我們布局線下店面，也要以效率為第一要素，模式不同於傳統的線下店面。

　　第六個維度是用戶。傳統企業可能有幾千萬甚至上億的用戶，但那些用戶沒有任何價值。我們曾經跟一個傳統大家電企業合作過，他們說自己的資料庫有一億多個用戶的資訊。打開資料庫一看，裡面只有電話號碼和地址，沒有電子郵件信箱，沒有微信號[39]，絕大多數電話號碼都是家用室內電話號碼，甚至有很大的一部分是舊的室內電話號碼。現在有價值的用戶群，需具備幾個要素：一是海量的，二是持久的，三是活躍的，四是可畫像的[40]，五是可持續消費的。

　　第七個維度是資本。資本對於公司成長最大的貢獻是加快擴張速度。以前企業要發展需要慢慢累積，累積到一定程度才能擴張。現在，資本可以幫助企業先擴張，不必為了資金錯過最好的時機。德哥常說，在公司決策過程中，所有用錢能解決的問題，迅速用錢解決掉，因為花錢做一件事的成本是最低的。拿到錢的途徑有很多，找投資人，或是銀行，但品牌、用戶、好的產品等，都不會有人給你，而且用錢也買不來。用資本換時間，把融資到的錢儘快花掉，在極短的市場空窗期保證你的企業跑到平流層上去。

　　最後一個維度是社會影響力。這也是勢能的一個重要部分。比如今天的華為和其創辦人任正非，具備相當大的社會影響力，華為積蓄了三十年的勢能正在爆發。再比如，蘋果的影響力已經形成，它發布智慧手錶的時候，全世界都在追隨，雖然後來事實證明智慧手錶的產品定義並不完美，但以蘋果的影響力依然可以

---

[39] 微信號：登入微信時使用的帳號。
[40] 具像化、可描繪的。

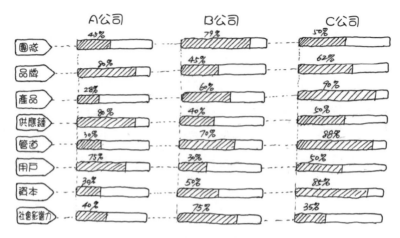

企業的多維度競爭

讓智慧手錶暢銷很長的一段時間。換個角度想想，如果同一時期，小米做了個一模一樣的手錶，向全世界宣布：智慧手錶的時代開始了，用戶一定不會認同。從社會影響力這個維度看，我們還需要時間。

　　我們在每一個維度都追求效率提升，所有環節密切配合，在保證產品品質的前提下，把成本降到最低。其實，我們有一些產品的售價，比很多企業的成本價都低，就是因為我們各個維度的效率都做到最高。這一點跟碧桂園很像，它的房子的售價一定比萬科的成本價還低。在這本書的後半部分，我們講到產品定義、產品設計和供應鏈的時候，相信你們也能感覺到，我們致力在每一個環節做到「精密」。

第八節　回歸商業本質──效率

公司之間的競爭就是一場精密的戰爭，有多個維度，核心是什麼？

我們覺得這場精密戰爭的核心就是效率。每一個維度，每一個環節，都必須追求效率最大化──這是商業的本質，也是小米創業的初心。

效率這個詞，讓我們最容易聯想到執行力。事實上，效率可以展現在每一個維度上。

小米創業初期，外界看到的是小米以成本價銷售手機。大家紛紛研究小米模式，給小米貼標籤，說小米是把免費模式從軟體帶到硬體領域，說小米硬體不賺錢，軟體和服務賺錢。由此，業界也展開了對硬體免費的各種探討與嘗試。很多企業都被小米的表面誤導了。

其實大家只看到了表面現象，沒看到本質。人們是否考慮過一個問題：小米的售價，為什麼比許多企業的成本價都低？本質只在於兩個字：效率。效率隱藏於每一個細節當中。我們透過對每一個環節的改造或創新，將企業的效率提升到最高。

從雷總到每個小米生態鏈企業的高階主管，對於這兩個字都有著深刻的認識。青米公司的另一位聯合創辦人林海英有一句話非常精闢：「企業是提高社會效率的組織，企業是否優秀不在於是否比別的企業贏利更多，而在於是否比別的企業效率高。」

效率存在於每一個細節當中，從產品的研發到營運，到生產製造，到行銷，再到售後服務，只要用心，每一個環節都可以提

升效率。

比如，產品定義、產品規劃階段，就會關係到效率。我們定義產品時有以下幾條個原則：滿足八〇％用戶的八〇％需求，在保持合理性的同時盡量極簡……等等，這裡面處處都跟效率有關。這些原則的細節，我們會在下一章裡詳細講述。

例如，在小米和小米生態鏈的發展中，有一個重要因素就是資本。資本也是提升效率的重要手段。所以我們看到，今天的企業都在做金融投資。小米也一樣，涉足銀行、支付、群眾募資等多個業務領域，目的之一就是用資本手段提升生態鏈企業的效率。

再比如，嚴控產品品質，也是效率的一種展現。

1MORE在耳機品質控管方面投入很大的心力，嚴苛專業的檢測體系確保每副耳機需要經過超過至少七百項的測試才能出廠。耳機這種看似常見的東西，卻是要放進耳朵裡、與人體親密接觸的，為了確保安全環保，1MORE與全球領先的測試和認證機構瑞士SGS合作，對整副耳機的每個部位進行檢測，並且不少測試都直接做RoHS、REACH等歐盟測試，一方面提升品質水準，良品率大大高於國內行業水準；另一方面，產品如需海外銷售，也省卻了被歐美國家退回再測試的時間。1MORE的耳機銷售量已經超過三千三百萬副，但整家公司只有八個客服人員來應對所有售後問題，同時他們的業務內容還增加了一項新任務：引導用戶重複購買，為銷售引流。這個例子告訴我們，前期的較大投入和過程中的嚴格控管，會提升整體效率。

現在，小米在大力拓展線下管道，人們會問：你不是說網路管道能提升效率嗎？為什麼還要做線下店面？

　　線下店面是硬體產品必然要走的一條路。只是小米在做線下店面的時候，首要考慮的也是效率。小米對線下店面有非常詳盡的規劃與計算，保證平效最高。小米一家兩百五十平方公尺左右的店面，年營業額基本上可以超過億元人民幣。對比一下，傳統家電賣場四千平方公尺的店面，一年的營業額一般是人民幣四千萬到五千萬元（約合新台幣兩億兩千五百萬元）。當今世界平效較高的是蘋果，其次是做首飾的Tiffany（蒂芬妮）。目前小米之家的平效介於這兩者之間。我們還在透過店面數量、品牌效應、店面陳設等方面，努力提升平效。

講真

不傲慢，也會提高效率

劉德　小米聯合創辦人、小米生態鏈負責人

　　小米生態鏈上的產品越來越多，也引起了各方的注意。來自沃爾瑪全球的一個買手團隊來到小米，希望生態鏈產品可以進入沃爾瑪全球的體系當中。雙方合作的進展現在暫且不方便透露，但那一次的見面讓我感觸極深。

　　沃爾瑪全球的買手團隊，在別人眼裡是掌握著無數產品和企業生殺大權的一批人，應該不太好對付吧？其實不然。他們身上有三個特質：一是極為專業，二是極為敬業，三是一點兒也不傲慢，反而極具親和力。

　　我問他們，為什麼在你們身上看不到傲慢。他們的回答是：「傲慢會降低效率。」這個答案讓我感到震撼，小米是一個在每

個環節都要追求效率的公司，但似乎也沒有考慮到，連員工態度
都會關乎效率。

第四章

自動生成的未來

誰又能預知未來萬物互聯時代，商業發展的態勢到底是
什麼樣的，沒人能準確判斷。所以小米布局生態，讓生態自
我更新、淘汰、進化，自然生成未來。

小米最初發展生態鏈企業是因為它意識到物聯網的風口期，
希望用一種新的方式去建立一支艦隊，在互聯網時代以艦隊的
形式成為IoT市場中的一個大玩家。誰又能預知未來萬物互聯時
代，商業發展的態勢到底是什麼樣的，沒人能準確判斷。在這種
狀態下，生態布局的好處在於，可以透過生態的自我更新、淘
汰、進化，自然形成未來的良好局面。

這正是所有企業都在布局生態的原因：生態系統可以自動生
成企業的未來。

我們砥礪三年，對智慧硬體、物聯網以及電商的變化趨勢逐
步有了深刻認識，特別是對於生態的理解。在這一章，我們將
把奔跑過程中對IoT發展所獲得的感悟，和對未來發現的一些端
倪，悉數分享給大家。

第一節　可以閉著眼睛選擇的品牌電商

中國電商發展的路徑，最早是源自自由市場式的電商，即淘寶模式。後來發展起來的是百貨市場式電商，以京東為代表。下一代將會是品牌電商，就是小米這種模式，林斌林總稱之為：精品電商。

學習Costco的精品策略和無印良品的品質

二〇一五年吳曉波的一篇文章〈到日本買個馬桶蓋〉創造了二十萬以上的閱讀量，這還不包含轉載和由此引起的討論。這場討論中被提到更多的是消費升級，在供給側改革的同時要提升產品品質。這或許需要一場類似於日本一九六〇到一九九〇年代的家電業變革式的運動。

關於產品的品類設定，雷總很喜歡講Costco的故事：

Costco是美國的會員制連鎖超市，店面通常建在非繁華地段，裝潢簡單，省去了所有不必要的成本。在選品上，每個品類只有兩、三家品牌，不過所有的商品都是老闆親自用過，絕對確保選品是有品質的東西。也就是說Costco已經幫你篩選過，同類商品中性價比最高的、最適合的才會最終出現在Costco的貨架上。

由於庫存量少，單品銷量大，Costco可以從廠商處拿到最低的價格。隨後任何商品價格只加一％到一四％的利潤，最高也不會超過一四％。在Costco創辦後的二十多年裡，董事會從來沒有批准過任何一個商品價格的毛利率超過一四％。要知道，全世

界零售之王沃爾瑪一向是以高效率、低成本著稱，但沃爾瑪的毛利率都是在二二％到二三％。

　　Costco主要服務於美國的中產階級，Costco老闆的願望是：處於美國中產階級的這五千萬人，他們口袋裡一半的錢應該花在Costco，要把他們變成Costco的忠實粉絲。換個角度想，中產階級走進Costco不會存在選擇恐懼症，因為這裡每個品類可選擇的品牌不多，並且所有商品的品質都是用Costco的信用做背書，而且一定是最便宜的。需要什麼，伸手拿走就好，不需要貨比三家。

　　這也是我們想達到的理想狀態：用戶可以絕對信任米家的品牌，只要是米家的，一定是好用的、有品質的、性價比高的。為了把品質和價格的優勢再放大，小米比Costco的平臺模式更進了一步，即「前店後廠」模式，所有商品自己生產。

　　在Costco模式之後，雷總又仔細研究了日本的無印良品，並提出小米要做「科技界的無印良品」。其實我們跟無印良品的產品品類不太一樣，它們更偏生活化，而我們更偏科技化。之所以有「無印良品」的提法，就是因為它的產品品質。

　　電子鍋、LED燈、床墊、電動車、無人機、掃地機器人──我們小米生態鏈上的新產品在二〇一六年魚貫而出，小米網上的品類也越來越多，產品涵蓋的範圍也越來越廣。這樣的一個電商平臺，會讓你消除選擇恐懼症嗎？品牌電商的目的就是──你不需要選擇，閉著眼睛拿吧，這裡全是好東西。

　　而做到這一步，需要消費者對品牌形成很強的信任感，這是米家追求的目標。這種信任不是一年兩年可以形成的，我們要用

五年甚至十年時間去建立這種信任，塑造出一個值得用戶信任的品牌。

嚴格控管，榮辱與共

外界也常有人問我們，為什麼不能更大程度地開放小米平臺的資源，除了生態鏈企業的產品，其他的好產品不能到小米網上賣嗎？甚至有人指責我們的生態鏈太封閉了。

其實這是我們的一種選擇。如果開放，小米網的銷售規模可能會更大，更偏向一個百貨公司的方向。但是那樣也會失去小米的特色，因為我們要確保每款產品都是最好的，每一款產品的性價比都是最高的，這需要嚴格控制產品品質，用我們的高效能把成本降低。所以，在初期我們只能選擇自己的生態鏈企業的產品。

我們初期相對封閉，就是為了產品品質可以控制。生態鏈企業的產品，必須完全符合小米的標準，才能放到小米網上去銷售。我們希望使用者在我們網上選購產品時，不需要考慮，只要有需求，直接下單就好了，保證從小米網上買到的產品是最佳選擇。

因為小米網上有海量的用戶，售出的任何產品都會被拿到「顯微鏡」下觀察，所以我們對待產品的品質必須非常謹慎。如果平臺完全放開，我們目前的能力不夠，就沒有辦法完全控制所有產品的品質。其實現在很多電商平臺都有這個困擾，它很難有能力控制上游廠商產品的品質，而且由於管道混亂，時常會出現假貨。

　　其實，即使是生態鏈公司的產品，以我們目前的能力，偶爾也會出現疏漏。比如潤米公司曾經生產過一批抓絨服，為了同時兼顧外觀好看、裡面保溫的效果，採用了一種全新的材質。這種材質我們並不熟悉，於是就送到專業機構去做相關檢測，結果顯示材質完全符合國家各項標準。於是，抓絨服上線了。

　　雷總經常會親自體驗每一件米家產品，這次也不例外。他穿著這件「新技術」的抓絨服，參加了一場「米粉家宴」。這裡說明一下，「米粉家宴」是把一些資深米粉請到小米公司來，讓他們來參觀小米，並跟高級主管和員工一起交流，還可以向小米提出建議。家宴設在小米的食堂，非常原汁原味，這是小米極具特色的一場市場活動。

　　那天雷總穿著抓絨服來和資深米粉們見面，聊到高興處他把外衣脫了，沒想到抓絨服裡面掉毛，他的襯衫黏上了一層紅色的毛。雷總很尷尬，這是小米生態鏈的產品，怎麼會出現這樣的問題？米粉們每人身上也穿著一件抓絨服，那一次，他感到非常不滿意。當然，以他的個性他不會發火，但我們還是感受到他的不滿，這次事件為我們生態鏈的品控團隊敲響了警鐘。從那個時候開始，我們對品質控管的流程重新進行了調整。

　　即使流程再完備，也難以防範「人為」的錯誤出現。我們所有的產品在正式量產前，樣品都要經過嚴格的品質檢查程序，然後封樣。但是，小蟻運動相機的第一代產品，在我們品質檢查的時候沒有出現任何問題，也完成了封樣，但在產品上市後還是出現了問題。怎麼回事呢？小蟻運動相機在量產後，團隊發現機身側面有兩個插孔，其中一個插孔凸出位置稍高一點，導致橡膠蓋

無法嚴密地蓋上，會微微翹起。小蟻團隊發現了這個問題，但並沒有告知我們，而是命令工人用刀把側面的凸起削掉。他們居然手工完成了這道工序，然後包裝完畢就進行銷售了，對此我們毫不知情。

商品上市後，明顯的手工切口引來大量用戶投訴，成為我們生態鏈上一次非常嚴重的事故。那一次的代價是慘重的，因為你要補救的不是一款產品，而是用戶對我們的信任。當然，出現那次事故之後，又促使我們進一步改善工作流程，並且更加珍惜我們的品牌。

「大家都在一條船上，榮辱與共。生態鏈的模式，是非常先進的，但生態鏈會不會出問題？我認為，連續的品質事故將會是生態鏈最大的隱患。」龍旗杜軍紅認為，米家的品牌是靠一個個高品質產品換來的，需要所有生態鏈企業共同去加分，而不能每家企業都去透支、減分。「品質是這條大船的生命線，任何時候、任何情況下都不能忽略，即使我們要保持低利潤的狀態。」

姜兆寧說得更為直接：生態鏈這種模式，最怕的就是豬一樣的隊友。

做品牌，時間是無法迴避的一個維度

如何幫助小米守住用戶的這份信任與依賴？這需要倒逼模式，逆境決策。哪怕一個產品出問題，對於小米來說都是系統性的災難。小米生態要在快速奔跑中，時刻準備叫停。在小米生態鏈上，這種事還真不少。

二〇一六年六月二日，由紫米公司設計的一款插在行動電源上的蚊香，原計畫在小米眾籌平臺上進行群眾募資，但這個項目

卻在六月一日被張峰叫停。因為在內測階段，有兩個電蚊香出現
外殼裂開的情況。研發團隊沒日沒夜地找原因，直到六月一日才
找到罪魁禍首：電蚊香的內殼與外殼採用了不同的材料，內部材
料熱膨脹比較明顯，但恰巧外殼用的材料是熱收縮比較明顯。
其實在測試期間裂開的比例很低，有的員工主張可以進行群眾
募資，不影響產品的整體使用效果。但張峰認為：「寧可錯殺一
千，也不放過一個。」因為這個產品賣出去，一旦有問題，會影
響使用者對生態鏈產品的整體評價。

　　果斷停掉群眾募資活動，意味著這款電蚊香有可能錯過二〇
一六年的夏天。當然，由於材料改造的行動迅速，電蚊香還是在
仲夏時節上市，趕上了「半個」銷售季節。

　　在掃地機器人的生產過程中，有一個批次的機器在注塑時出
現問題，這有可能導致產品在使用中發出噪音。經過反覆測試，
我們發現只有在潮濕的地面上，刮條與地面摩擦會發出一些嗒嗒
聲，這個現象只發生在中國北方，南方同樣的濕度下也不會出
現。雖然評估中發現出現噪音的機率很低，但我們還是堅持把這
一批次的五千台全部重新返回之前的工序。

　　Yeelight創辦人姜兆寧為了控管產品品質，特地請來了海信
的頂尖品質控制專家，把Yeelight產品品質的水準提升到全新的
高度。「我們現在的退貨率低於千分之三，這在消費電子領域絕
對是一個夢幻數字。」

　　飛米的無人機，為了達到ID設計的要求，廢掉了兩套模
具，每一套的成本都高達人民幣幾百萬元，這種嚴苛要求最終導
致產品延遲一年才上市。

　　小米及其生態鏈企業對於產品的品質要求都非常嚴苛。一個品牌的建立需要很長的時間，我們需要持續謹慎地對待每一個產品，讓產品慢慢在用戶中形成一種認知。我們不需要打廣告，不需要拿著喇叭喊：「我們的產品就是高品質。」比誰嗓門大並沒有用。

　　日本的高端車與德國的高端車相比，還是有差距，其實並不是技術上的差距，而是時間和經驗累積方面的差距。做品牌，時間是無法迴避的一個維度。我們只要堅持我們做產品的那份信念，不要著急，不要讓自己亂了陣腳。十年、十五年，也許更長時間，米家品牌一定會深入中國消費者的潛意識中。

　　從自由市場式電商演進到百貨商店式電商，電子商務的發展其實已經取得了很大的進步，後者是透過多品類來實現大規模銷售，但是品類越多，控管商品品質的挑戰也就越大，而品牌電商的出現則是下一個趨勢。

　　作為品牌電商，我們產品的品類並不會很多，但單品的銷售量大，總銷售規模就會很大。如果以銷售額計算，小米已經是僅次於阿里巴巴、京東的中國第三大電商平臺了。

　　在小米品牌電商的口碑逐漸建立起來之後，為了豐富米粉的選品，我們會逐漸開放品類。我們將精選一些新的品類進入小米電商平臺。我們有兩個選擇的標準：一是品質足夠好，二是非暴利。未來隨著一些精選品類的進駐，也將與我們生態鏈企業產品形成競爭態勢，這也會促使生態鏈企業不能停留在今天的成果簿上睡大覺。

講真

小米會不會崩盤？

劉德　小米科技聯合創辦人、小米生態鏈負責人

我們來講講小米會不會崩盤，我有時候連做夢都在想小米會不會崩盤。

我們有七十七家公司，我經常被人問，你們這個模式是挺不錯的，但是怎麼管理啊？也有無數人提醒我說，各個公司利益不一樣，所以很容易崩盤。

我的邏輯是，這個團隊有先進的技術，有一流的商業模式，我要投資它之前，最重要的是價值觀要一致，要看是否認同小米的價值觀。尋找價值觀一致的公司，讓我們的管理成本很低。從這個邏輯來講，理論上我們不會崩盤。

其實最有可能崩盤的是什麼呢？是出現重大的品質問題，並且連續出現在不同的公司，瞬間形成負面效應，那將是一個災難性的後果。

如果沒有這個層面的問題，崩盤的可能性很小，幾乎為零。因為要獲得成功，無非是這幾件事：第一有很強的團隊，第二做了非常好的產品，第三有管道賣，第四順利回籠資金，第五保持持續研發。

我們這幾件事都是封閉的，所以基本不會崩盤。

第二節　智慧家居是個偽命題

　　智慧家居的概念在中國炒作多年，進入這兩年，我們發現，到目前為止，智慧家居還是個偽命題。那麼，智慧家居時代到底能否到來？

直接推智慧家居系統，不實際

　　楊華於十年前創業，當時他曾給蘋果做過MiFi（可攜式寬頻無線裝置），例如用手機控制燈、控制窗簾等，屬於智慧家居範疇。在這個過程中，他發現了國內智慧家居市場的巨大潛力，於是幾年前帶著團隊開始開發一款名為「菜煲」的產品。

　　通訊技術專業出身，曾任職於摩托羅拉公司，又跟著蘋果公司探索智慧家居領域一段時間，楊華腦子裡的「菜煲」更像一款3C產品，而不是家電。這是一款有「玩性」的電子鍋，可以互動，還能衍生出很多的應用：電子鍋有一個感應器，當有人接近的時候，螢幕會亮起來，閃過幾條小廣告，如果用戶不喜歡可以輕點一下關掉廣告；用戶在手機或是pad（平板電腦）上可以下載一個App，不會做的菜可以按照App上的提示一步一步完成。完成菜餚後，你可以瞬間把做菜的成果上傳到網路上，接受別人的點讚，當然，也可以看看別人都做了什麼菜，明天也「複製」一份。

　　這款菜煲的背後是互聯網雲家電系統。系統會知道你做了什麼菜，在跟哪些人互動，你住在什麼區域，你的飲食偏好。

　　二〇一三年，楊華拿著開發出來的菜煲以及整套的互聯網雲

家電系統方案，去向美蘇九（家電行業通常將美的、蘇泊爾、九陽簡稱為美蘇九）推銷，告訴它們未來的家電將是什麼樣的前景。然而，花費了不少口舌和時間後，楊華最終無功而返。原因有三：

第一，這些傳統家電企業感覺這個菜煲太前衛了，吃不透、拿不準；

第二，傳統企業利潤空間大，有慣性，害怕改變；

第三，每個企業都想自己做一套完整的系統，而不是嫁接在別人的資訊系統上。

後來，市場上也有一些可以透過手機WiFi控制的電子鍋，但沒有「玩性」，只是實現了最初級的手機遙控功能，沒有背後支撐的那個雲管端系統。而楊華面臨的困境在於，自己絞盡腦汁地讓產品有了「玩性」，但就是沒有大型的玩家願意陪他一起玩。

小米找到楊華談合作的時候，楊華的團隊正在考慮「菜煲」轉型的問題。傳統家電企業的合作很難突破，大家都想自己做。蘋果、谷歌這樣的平臺機會越來越大，它們很容易就能連接起所有的終端和應用。而楊華的飯煲恰好卡在中間，沒有傳統家電企業願意跟他合作。如果團隊繼續自己玩，那只能是在一個很小的市場裡。楊華越來越意識到平臺的重要性，與小米的「結合」也就成為順理成章的事。

與蘋果合作多年，又在「菜煲」上嘗試了很久，楊華悟出一個道理：智慧家居是個偽命題！

楊華認為，因為沒有商業通道能夠直接做成智慧家居。很少有家庭在裝潢的時候就考慮系統性地為自己建立一套智慧家居系

統。更切合實際的做法，是將一個又一個的家電實現智慧化，讓一個又一個智慧化的產品逐步走入家庭，透過雲端將它們連接起來，或許有一天你會發現，突然間家裡就實現了智慧化，但是這個前提是雲、管、端的水到渠成。

所以，在與小米合作電子鍋項目之後，楊華將研發重心回歸到一個優秀產品的本身。但在米家電子鍋最終發布的時候，名稱是壓力IH（間接加熱）電子鍋，並沒有加上「智慧」二字。因為我們知道，智慧是未來，當下只需要給用戶一口好鍋。

米家電子鍋上有一個「大腦」，包括兩個基本軟體：一是作業系統，用來實現控制；二是即時通訊軟體，用來實現交流。而後臺則是強大的小米雲平臺。當我們將更多的優秀產品「賣」到使用者家裡，智慧化自然而然就會來了。

沒有互聯互通就沒有人工智慧

作為小米生態鏈智慧家居總經理，高自光本人是一個極客，喜歡各種智慧產品，曾在小米網上向幾十萬網友直播了他家裡所有的智慧產品，吸引了幾十萬粉絲。在推廣智慧家居的過程中，他發現智慧家居的實現並不容易。現在市場上很多智慧家電都只是增加一個WiFi模組，讓硬體可以連接網路，但上網的體驗並不一定好，很多是偽智慧，用戶的聯網率和使用率都不高。

智慧家電為什麼是個偽命題？

第一，回歸產品本質。無論是空調還是淨化器，智慧不是產品本身最重要的，解決本質問題才是最重要的。現在很多產品核心功能做得不好，然後貼個智慧標籤抬高售價。

第二，現階段無法做到真正的智慧。很多科幻大片裡的場

景，三五年內還是難以實現的。人工智慧的準確度不夠，還處於模糊智慧階段。智慧家居，如果不能精準知道客戶到底要什麼，就無法提供相應服務。比如，主人一進家門，是否要開空調？如果進來的是年輕人，可能願意開空調，如果進來的是家裡的老人，可能就不願意開空調。現階段還沒有很好的精準決策依據來控制設備。

第三，現在每個家庭裡有十幾種或是幾十種不同品牌的電子產品、家用電器，這些產品的標準都沒有統一，無法連接。如果這些產品之間不能「通話」，就無法實現真正的智慧。這裡存在一個物聯網的標準問題。現在各家企業都在做自己的系統，並且很多都是封閉的，互不連通。家裡如果購買了不同品牌的電器，是無法進行「對話」的。小米的物聯網作業系統MIoT，將我們所有的智慧硬體相連接，形成一張立體的物聯網。我們還要努力爭取更多的企業接入我們的作業系統，我們開放介面，接入的產品越多，使用者獲得的好處越明顯。

物聯網分為上下半場

經過幾年的實踐，我們認為，物聯網分為兩個階段：

第一個就是連接，所有設備都是互聯互通的，都可以用手機來控制。這是物聯網上半場，也是我們的生態鏈這三年重點在做的事情。

第二個就是智慧化，即AI（人工智慧）階段，這將是物聯網的下半場。當所有設備連接之後，將收集到海量的數據，透過大數據分析，設備會越來越了解你的使用習慣，也越來越知道如何精準回應你發出的指令，在你毫不知情的情況下，為你提供的

服務也越來越貼心。

過去三年，我們已經解決了連接的問題，淨水器是聯網的，水壺是聯網的，手環是聯網的，你只要打開手機上「米家」這個App，就可以控制家裡所有的小米設備，指揮機器人掃地，調節燈光的顏色，讓米飯煮的時間更長一些。

未來三五年，一切都將變得更智慧化，電子鍋知道你的口味，每天煮出來的飯軟硬合適，機器人已經熟悉你家的地形，自動設計出更高效能的清掃路線。

所以，我們有足夠的耐心，先做好一個熱水壺，一個體重計，一個超越日本製造水準的電子鍋，一個只有人民幣幾十元的智慧手環。真正的物聯網，就是從一個節點到一個節點做起，連接到一定的數量，在大數據的基礎上，人工智慧自然而然就會形成。米家堅持兩件事，一是做優秀品質的產品，二是物與物之間建立連接，未來一定能創造自己獨特的價值。

在走到物聯網第二個階段的過程中，我們已經有了很多實戰經驗，並且已經有海量產品進入使用者家裡，這也算是我們些許的先發優勢。

講真

小米生態鏈之外的世界還很冰冷

夏勇峰　小米生態鏈產品總監

我們覺得智慧硬體，到現在為止，可以算成功的企業，全球只有三家，中國一家，美國兩家。中國的是大疆（生產研發無人

機），美國的是GoPro（美國運動相機企業）和Fitbit（美國舊金山一家新興公司，產品為運動穿戴式裝置）。當然，它們的情況也在不斷變化。

跟真正的所謂浪潮相比，智慧硬體浪潮根本就沒到來：

第一，智慧硬體產業成熟度不夠。視頻網站創業熱潮，當時它的很多基礎已經成熟，比如九五％以上的用戶用的是windows作業系統，從語言到人才，很多東西都已經標準化了。創業者只需要想明白，要創造什麼樣的內容，然後怎麼送達用戶。但現在不管從哪個方面來看，智慧硬體的產業成熟度都遠遠不夠。

第二，做硬體的人才，大部分沒有辦法直接再利用。比如要做一個手機遊戲，然後招聘到一些IOS（由美國蘋果公司開發的作業系統）和安卓系統的工程師，後來這個遊戲停了，企業可以改做工具軟體。這些遊戲的工程師，馬上就能轉到新的項目上，人才再度利用的程度是很高的。但是在硬體方面，真是「術業有專攻，隔行如隔山」，輕易很難轉換到其他領域。

第三，硬體成本高，門檻也高。以前互聯網浪潮中，做軟體的要存活下去其實很容易，在寒冬的時候只需要找到一點點稻草，就可以把這個寒冬給熬過去。但是做硬體不行，動輒得花個一千萬元，最後也可能什麼都沒做出來。

所以基於這三點，我們到現在做這件事情，還是很困難的。智慧硬體的浪潮沒有到來，我們必須認清在小米生態鏈體系之外，整個世界現在是很冰冷的。我們冷靜地看到這一點，可能接下來的路就會走得踏實一點。

第三節　遙控器電商

電商演進的規律是什麼？物聯網時代，電商會不會出現新的模式？我們說過，互聯網（網路）分為三個階段，第一個階段是傳統互聯網，第二個階段是移動互聯網，第三個階段是物聯網。

時空關係被打破

傳統互聯網解決了空間的問題，無論你身處上海或北京，美國或日本，都可以「天涯若比鄰」，一起下棋，一起打遊戲。想一想，這是不是打穿了空間軸？

移動互聯網時代，人們解決了時間軸的問題，無論是在餐桌邊、公車上，或是坐在馬桶上，都可以拿出手機來上網，沒有時間的局限性。

那麼，在移動互聯網時代，所有問題都要基於時空關係被打破這個概念去思考。舉個例子：

如果在互聯網時代，今天德哥見到雷總，覺得雷總的襯衫不錯。德哥問：你這個襯衫穿上很有型啊，在哪裡買的？雷總說：在凡客買的。德哥說：太好了，等我回家也買一件。事實上，等他回到家，消費的熱情已經消散，這件事很可能就不了了之。

如果是在移動互聯網時代，今天德哥見到雷總，覺得雷總的襯衫不錯。德哥問：你這個襯衫穿上很有型啊，在哪裡買的？雷總說：在凡客買的。德哥說：太好了，給我發一下連結。於是，兩人掏出手機，雷總把連結發給德哥，德哥打開一看，除了白色，還有黑色也很好看，於是下單，兩個顏色各買一件。

移動互聯網讓人類得以解放，一旦時空被打破，可以給商業提供巨大的空間。所以我們看到，移動互聯網時代比傳統互聯網時代能創造出更大的價值。

智慧硬體成為精準電商管道

移動互聯網時代，全球有十幾億手機聯網，但到了IoT時代，全球會有幾百億、幾千億的設備聯網，帶來的商業機會也會遠遠大於第二階段移動互聯網階段。從電商的角度考慮，第二階段解決了時空問題，讓人們隨時隨地可以購買，那麼第三階段又會如何演化呢？

再來看一個例子：

因為空氣污染嚴重，你買了一個小米空氣淨化器回去，會看到自己家裡的PM2.5（細懸浮微粒）值每天都可以控制在很低的數值。過幾個月，這個空氣淨化器的濾芯需要更換了，手機裡的App就會提醒你，你點一下就可以下單，第二天濾芯就送到了。又過了幾天，App提醒你，淨化器發現你們這裡空氣太乾燥，你要不要買一個加濕器？如果你有需要，你就點一下，第二天加濕器就送到你家了。你開始使用加濕器，家裡空氣變得乾淨又濕潤，非常舒服。過幾天，這個加濕器發現，你加的水有問題，就會主動詢問你，你家自來水的水質不好，你是不是要買一個淨水器？你以前從來沒發現自己家裡的水有問題，當你知道這個問題存在，你一定想買一個淨水器，解決飲水安全問題，那麼點一下，第二天淨水器就送到你家裡了。

讓我們看看人民幣七十九元（約合新台幣三百五十元）的小米手環未來還能幫助我們實現些什麼？

小米空氣淨化器的濾芯提醒和一鍵式購買

　　手環每天佩戴，會產生極強的用戶黏性。手環記錄了你的運動情況、睡眠品質、心跳頻率等資訊。綜合這些資訊，手環有可能比你更懂你的身體狀況，能夠預知你潛在的健康風險。這個手環，可能就是一個人體ID。如果一出生就開始戴手環，你可以記錄這個ID一輩子與身體相關的資料。再看遠一些，小米的雲端可以透過大數據分析，為你提供健康方案，提醒你休息、督促你健身，也可以向你推薦適合你的食品和用品。你只要在App裡輕點兩下，就可以買到最適合你的商品，或是制定一套健身方案。

　　手環和淨化器，有三個共通性：離你更近，使用頻率高，比你更了解你的需求。

　　智慧硬體是人與需求的連接點，透過這個點，大數據可以上傳到雲端。而當連入的人和物越多，大數據的價值也就越大。透

過這些智慧硬體，小米不僅可以定向銷售商品，更可以向你「推銷」服務。此時，智慧硬體就變成了一個精準管道。

比你更懂你的電商模式

小米有上百種爆款產品，小品類硬體產品的銷售量是幾十萬件，大品類銷售量則輕鬆過千萬件。大大小小加在一起的海量終端設備，將兩億個小米活躍用戶交織在一起。此時，基於物聯網時代的電商、個性化服務，一系列新商業模式，將會慢慢浮出水面。

這將是人類歷史上的一個巨大轉折點。德哥發現，隨著移動互聯網向物聯網時代邁進，電商又面臨新的革命。電商演進的路徑是：自由市場式電商—百貨商場式電商—品牌電商—遙控器電商。

電商的模式絕不會停留在現在的階段，我們相信：離人近的打敗離人遠的，高頻率的打敗低頻率的，主動的打敗被動的。

什麼是遙控器電商？想一想家裡的各類家電遙控器，你每天都在使用，它離你最近，你的使用頻率最高，它非常了解你的使用習慣。

未來符合這三個特點的電商將顛覆現在的電商模式：第一是離你最近的電商平臺，第二是使用頻率極高的電商平臺，第三是比你更懂你，化被動消費為主動消費的平臺。從這三條看，像不像遙控器的特點？當然，將來手環、電子鍋、淨化器、LED燈等一切智慧家電，都有可能成為一個精準管道。

將來這個世界上的商品會分為兩類，一類是需要使用者個性化挑選的，比如衣服、鞋子，用戶一定會挑選款式、顏色、材

質；第二類是生活耗材，這一類消費其實占消費者日常消費總量的比例非常高。消費者對於生活耗材的選擇一般都有固定的品牌，幾乎不需要挑選，比如牙膏、毛巾、米、空氣濾芯等。在現有的米家 App 上，我們就在「個人中心」新增了「生活耗材」。我們認為未來遙控器電商將是所有的生活耗材的主要銷售管道。

什麼樣的企業可以成為遙控器電商？能夠做成這件事的企業必須具備四個基礎，缺一不可：

1. 硬體公司
2. 軟體公司
3. 互聯網公司
4. 電商公司

遙控器電商將是物聯網時代的一種基本電商模式，是一種新的商業管道。這是我們做了三年智慧家居產品發現的。今天人們還看不懂它，但就像早期的淘寶網，誰會知道它後來發展成什麼樣子？我們雖然不敢保證我們的判斷百分之百正確，但你要知道，歷史的道路往往都是走出來的，不是判斷出來的。

我們在做智慧家居的過程中，發現了這個趨勢，並堅信自己的判斷，所以我們從各個維度推進這個模式的轉化。我們相信它，並努力推動，相信大家慢慢也會相信，那時候，未來就到了！

遙控器電商不需要做推廣，銷售硬體就是拓展用戶，拓展管道。根據遙控器電商的特點，這個平臺的重複購買率很高，用戶黏性極強。米家 App 在沒有做任何推廣活動的情況下，二○一五

年的營業額已經達到人民幣三億元（約合新台幣十三億元）。二
〇一六年實現了人民幣十億（約合新台幣四十五億元）營收。這
個電商的含金量是不是更高呢？

第四節　公司的屬性決定了公司的高度

米家誕生之後，小米的物聯網戰略已經開始全面升級。

公司定位不同，想像空間有別

投資純米，難道我們只想做一個賣電子鍋的公司嗎？當然不
是。基於我們對物聯網發展進程的認識，我們投資的絕不是一家
電子鍋公司那麼簡單。

米家發布壓力IH電鍋時，並沒有強調「智慧」二字，而國
內所有媒體的焦點都放在與日本電子鍋的對比上。但是國外有媒
體注意到這是一款智慧電子鍋，文中指出這個鍋裡承載著小米生
態更多的「野心」。

公司的定位，決定了公司的高度和遠度。同樣是賣一口鍋，
可以賣出很多層次來，純米一直在對消費者強調，它賣的是一口
好鍋。但它賣的真的只是一口鍋嗎？如果只是一口鍋會有多大的
前景呢？投資人會認可嗎？

如果純米就是一家電子鍋廠商，那麼它的所有收入和利潤都
來自電子鍋，就跟傳統的家電企業一樣，只能靠提高銷售量獲取
利潤。但在鍋之外，如果沒有任何可以想像的空間，投資人一定

不會喜歡這樣的創業團隊。

如果純米定位為一家科技公司，從日本找來全球電子鍋最厲害的專利技術發明者，做出一個IH壓力電子鍋，解決了鑄鐵技術以及鑄鐵表面的附著技術難題，又解決了IH的問題，搞定了壓力調節閥。這時候你再看，純米就具有很強的高科技公司的屬性，而高科技是製造業的制高點。這時候，純米的定位已經是一家科技公司。

但一家科技公司，只有技術，現在已經不夠了。純米給電子鍋增加了一個「大腦」，這個電子鍋可以聯網，與其他設備相連，使用者可以在App裡找到食譜，可以在網上社區裡交流，也可以用手機操控電子鍋。這時候，即使我們賣的是一口鍋，我們也可以說純米是一家網路公司了。

聯網之後，電子鍋還可以記錄你所有使用習慣，並數據化。它可以知道你每天幾點做飯，你喜歡吃什麼米，你喜歡米飯硬一些還是軟一些，你住在哪個地區，這個地區的人吃什麼米最多……。當幾百萬個電子鍋賣出去之後，純米就是一家大數據公司了。它不僅知道一個消費者的使用習慣，還知道消費者的整體分布情況、集體偏好、米的消耗量、地區的水質等資料。這些資料不僅可以對個人行為進行分析，還可以對群體行為進行分析。這時候，純米就是一家大數據公司，這家公司的想像空間就非常大。

假設純米的產品非常好，賣出了一千萬個電子鍋，或者兩千萬個，這時候大數據就會發生奇妙的作用。一千萬個用戶怎麼使用電子鍋，他們喜歡吃什麼米。App裡可以透過競價排名賣米，同樣還可以銷售其他相關產品。久而久之，透過資料分析出每個

使用者最喜歡用哪個牌子的產品，就可以實現精準推送，而不是等著用戶再來挑選。這時候被動購買就變成了主動購買。電子鍋具備了精準管道的屬性，演進到第四代電商模式，進入物聯網時代。

怎麼定義產品以及公司，決定了公司的高度，以及能走多遠。純米的定義階梯是：

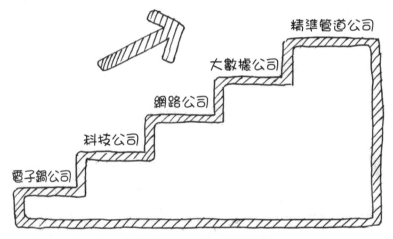

電子鍋公司定位的五大階梯

從點狀布局到打開潘朵拉的盒子

萬物互聯的本質是連接，人與物、物與物，還有雲和網路，交織在一起。回到二〇一三年年底，雷總最初想做小米生態就是看到了萬物互聯時代的到來，必須要搶占市場先機。如今，小米生態孵化了幾十家企業、上百個產品，一款又一款爆品，完成了小米點狀布局的使命。

　　這些點狀的布局是小米攤在賭桌上的牌。如果將這些牌重新排列組合，會產生魔法般的效果。就像德哥所說，三年前開始投資生態，當時並沒有清晰的思路。回頭來看，可謂由此打開了潘朵拉的盒子，小米手機的戰略意義如今已經實現。這是用兩到三年的時間差，為整個小米生態建立了一條穩固的護城河。

　　小米生態瘋狂奔跑，邊打仗邊擴張，硬體、軟體、網路、電商，全都齊了。從點到面的連接，幫助小米在萬物互聯時代結出了一張網。儘管小米還不具有壟斷性的優勢，但趨勢已經開始顯露。

　　小米有這樣幾張牌：小米手機、電視、路由器三大類，MIUI作業系統，雲服務，遊戲中心，小米金融，小米電商，小米智慧硬體生態，小米網路內容生態，還有剛剛上市的小米晶片。

　　業界有一種判斷，在網路時代，一種新模式的紅利期只有三到五年。紅利期結束之時便是下一輪顛覆到來之日。小米手機搶跑五年，手機的紅利期已經結束，手機的先鋒性不再明顯。手機是移動互聯網必爭之地，現在整個產業正處於從移動互聯網向萬物互聯過渡的混沌期，基於物聯網的新一輪顛覆即將發生。小米用手機搶出來的時間，做了物聯網時代的初步布局，遙控器電商已經略具規模。

　　如果把這些牌連起來看，小米已經初步具備了壟斷的屬性，但還沒有取得壟斷性的市場地位。高市場占有率、高流量、高覆蓋品類，已經構築了壁壘。

講真

什麼樣的企業能夠成為千億美元市值的企業？

劉德　小米聯合創辦人、生態鏈負責人

1. 在原本的領域具有壟斷性優勢，且這個優勢不容易被動搖。比如谷歌、蘋果，國內的騰訊、阿里巴巴，都是具備這樣的壟斷性優勢。
2. 做事要有先鋒性。小米做生態是先鋒，下一步做遙控器電商也是先鋒。
3. 要了解人性。只有了解人性，才能找到真正的大市場。

第五節　自動生成的未來版圖

生態鏈模式是創業的共享經濟

物聯網時代是互聯網（網路）發展的第三個階段。我們研究事物總是要看其本質，互聯網企業的本質是什麼？有以下三點：

第一條是免費原則。當然，免費不是完全不要錢，而是指達到最好的性價比。在網路第一階段，因為都是軟體，邊際成本很低，透過完全免費來吸引海量用戶，然後會有很多的變現模式。所以在網路第一階段，對個人用戶完全免費是可以實現的。但到了移動互聯網時代，由於O2O的發展，線上線下開始連接，很

多實際發生的成本是隨著用戶數增加而倍增的，完全免費不太可能。到物聯網時代，硬體的免費更加難以實現。

其實在小米橫空出世之後，以極高的性價比，在業界引起了關於硬體免費的激烈討論。我們有兩個重量級的同業，都提出了「硬體免費」的理論。顯然，大家被小米的表面誤導了。也有業界大老今年開始反思「硬體免費」理論的錯誤。

小米從一開始就沒有說過硬體免費，我們只是提倡最高性價比的產品。網路免費是為了在最大的範圍內迅速地吸引用戶，我們做性價比最高的產品也是這個目的。從產品來說，將來一定是高性價比的產品戰勝高利潤的產品。

第二條是長尾理論。所謂長尾理論就是我們並不指望在今天的商業行為中馬上見到利潤。我們做手機利潤很低，但可以為我們帶來廣大的用戶群，用戶群的進一步消費可以轉化為我們互聯網或是軟體的收益，以及小費模式[41]也可以帶來部分收入。我們在選投資物件的時候，「不賺快錢」也是出於這點考慮，我們本質上是網路企業，採用的商業模式就要遵循網路的商業規律。

第三條是共享經濟。傳統企業是創辦人本領強，也願意吃苦，建立一個團隊，把一件事做好，十年、二十年就有可能成為一家中等規模的公司。但網路模式最有趣的地方就是足夠開放，不需要什麼都從頭開始。今年流行積木式創新[42]就是共享經濟的

---

[41] 消費者順手買下主產品之外的周邊產品，猶如付小費給企業，例如購買行動電源之後，又買了可插在行動電源上的LED燈。企業可藉由售出利潤高的附加產品，填補利潤低的主產品的收益，

[42] 積木式創新：積木式創新是指在創新的過程中，不同要素之間如「積木」般的組合方式。

一種展現。

　　其實小米生態鏈的投資、孵化，就是一種典型的共享經濟的應用。創業團隊從零開始，透過「共享」小米的資源，他們只需要專注於做好產品，不需要考慮供應商、管道、設計、市場等，我們可以為他們提供幫助，甚至在創業初期，他們都不必考慮品牌，只要他們的產品夠好，價格夠低，我們就允許它貼上小米的品牌標籤。等創業團隊擴大規模，成為大公司，又可以成為小米未來的資源。共享經濟的本質就是互為放大器，1＋1的結果可以遠大於3。

　　我們這樣做的好處是，透過對一百支團隊投資，鍛鍊出一百支能打仗的隊伍。而這一百支隊伍，對市場的影響力就夠大。其實回頭看商業發展史，未來都不是判斷出來的，是實踐出來的。我們的這一百支隊伍在第一線，他們非常敏銳，戰鬥力也很強。說不定，他們就會成為中國商業進程的締造者。

未來不是規劃出來的，是生長出來的

　　一個公司當下再成功，也要考慮關於未來發展的問題。其實我們在市場上看到過很多曇花一現的公司，今天的成功與明天沒有必然關係。這時候就展現出竹林效應的優勢了。

　　以前，公司都在談戰略，談五年規劃、十年目標。而我們在奔跑中發現，很多過往的管理、行銷、市場原理正在逐漸失效。世界變化越來越快，引發變化的因素也越來越多，比如技術、資本，顛覆式創新的模式等。更何況，還有著各種各樣突發的情況，比如英國一夜之間脫歐了，對很多國家、很多企業都會產生影響。

我們的做法是，從來不做五年戰略，做完一年再計畫下一年，基本就是這樣的節奏。然後把未來有可能發展的點都做好投資。

二〇一三年年底我們開始打造小米生態鏈，雷總的初衷很簡單：我們要把硬體產品用接近成本價的方式銷售，架構一個萬物互聯的平臺，然後在上面做增值服務。增值服務是什麼內容並不重要，按照網路的基本原理，只要能夠聚集海量用戶，就能夠有變現的無數途徑。

在第一章我們講過，小米生態鏈投資有三個圈層，也許依然會有人感覺我們的投資是沒有秩序的，但其實我們設定投資的圈層，就是要解決公司未來的不確定性。我們相信，幾乎沒有哪個公司對未來的預測是完全準確的，那麼你的投資布局就應該在有一定關聯性、延續性的基礎上，做一些發散。

再高明的智囊團也不可能做出一個完美的戰略，誰知道電動自行車一定有未來？智慧電子鍋一定有嗎？還是掃地機器人一定有未來？如果一個企業只押寶一個未來，那就等於沒有未來。

小米做法的好處，就是把未來有可能的點，都投上了，都有了布局。一百個點都投資上，十年期間起起落落，可能有的公司沒了，有的公司做成功了，反正小米都投資了。

沒有人能絕對精準地判斷未來，但可以相對準確地捕捉未來的方向。我們在對未來趨勢進行基本判斷的基礎上，盡量去多布局幾個點。就像我們最初設想的，投資一百個企業，進入不同的方向。未來十年，我們投資的公司未必會全都成功，可能有的倒閉了，有的擴大規模了，有的合併了。最後如果有二、三十家企業成功，對於小米的未來都是一種保障。

在業界有一種共識：產品型公司值十億美元，平臺型公司值百億美元，生態型公司值千億美元。

在網路時代，幾乎每一家企業都在說生態，到底什麼才算得上是真的生態？

自然生態具備三個特徵：

第一是獨立的生命體多；

第二是生命體之間互相依賴；

第三是自我繁衍。

簡單來講就是共生、互生、再生的邏輯。

在小米的生態鏈上，初期新生命體分享小米的紅利，這就是我們講的孵化階段；中期是互相依賴、互相增值，也就是我們講的互為放大器階段；最後是不斷創造新的價值，透過繁衍和進化，形成新的生命體。無論環境怎麼變，適者生存、優勝劣敗的法則不會變，生態中自然還會有更先進的物種存活下來。

這就又回到了我們前面所說的竹林效應。竹林的根系非常發達，每一根竹子生長得都非常快，但生命週期並不會很長。任何產品單獨的生命週期都不會很長，三星、HTC 都是很典型的例子，蘋果手機的時間稍長一些，但也開始出現分化。小米手機也毫無例外地進入了徘徊期。但小米不怕，我們有發達的根系、有充足的營養，可以不斷地長出新的竹子，迭代出新的產品，這個生態可以自我完成新陳代謝。

小米這種布局方式在網路時代成為可能，也被大家普遍採用。看 BAT 的投資版圖，現在也未必能看清楚其意圖，而它們投資的企業將來未必都會成功，但這也是投資未來的一種方式。

　　我們不敢說小米的未來是什麼樣子，但我們希望透過這樣的
方式，自動生成小米未來的版圖。

下篇

產品篇

前言

　　生態鏈的成功，取決於兩點：一是模式先進，二是做出一個個強大的產品。在本書的上篇，我們講了小米生態鏈的模式。下篇，我們重點來講如何做出一個好的產品。

　　為什麼好的產品如此重要？

　　對於任何一個企業，從0到1是最難的過程，好的產品就是那個1。有了好的產品，行銷、品牌、管道都是1後面的若干個0。但如果沒有1，有多少個0都沒有用。

　　傳統的企業推出新產品時，為了讓消費者迅速地知道這個產品，首先想到的就是鋪天蓋地打廣告，「海陸空」全上，即電視廣告、路邊燈箱廣告、網路廣告一起進行輪番轟炸，總能「打」到消費者。我們稱之為「喇叭式」行銷，就是比誰錢多、誰嗓門大。

　　網路時代，消費者對產品的選擇越來越理性，「喇叭式」行銷雖然覆蓋範圍很大，但真正能被打動的人並不一定很多。口碑傳播和病毒式行銷是網路時代的傳播特點，那麼如果產品本身不是非常優秀，就無法形成口碑效應，更談不上「病毒式」傳播。

　　在互聯網（網路）、移動互聯網高度發達的今天，作為在網路早期就活躍著的一九八〇、九〇年代出生的消費者可以輕易地貨比三家，對不同廠商的產品的各種指標瞭若指掌。這群消費者不同於上一代人，他們用過很多好東西，對於什麼是好產品有著天生的敏銳度，對產品有自己的理解，對品質有很高的標準，不

會輕易被「大喇叭」唬弄而掏錢。

如果產品不怎麼好、品質還不夠好，即便大打廣告也沒有用。想想單靠廣告去行銷，你可能能「唬弄」幾千人、幾萬人，但要「唬」到幾百萬人、幾千萬人，是完全不可能的。消費者能輕而易舉地看到其他使用者對產品的評價。

一切不以好產品為基礎的行銷，都是耍花招。

在這樣的情形下，各種行銷噱頭、各種所謂的理念包裝，是很難打動這個時代的消費者的。燒錢、做廣告也不再那麼有效了。

在資訊對稱的時代裡，唯有好產品，才能立得住、站得久。所以我們說，在網路時代，製造出好產品是一切的起點，也是最好的行銷方式。要實現海量銷售，只能靠產品的品質贏得好口碑。事實上，之所以如此強調品質的重要性，並不只是一種理念和追求，更是商業最根本的邏輯，如果產品本身不夠好，要達到幾百萬、幾千萬的銷售量只能是天方夜譚。

在這個時代，與其在行銷上費盡心思，不如把精力用於研究如何解決用戶最大的痛點、滿足他們最緊迫的需求。只有踏踏實實把產品做好，才有機會邁出成功的第一步。

在小米公司創立之初，雷總做了個「極限測試」，就是不告訴外界小米是他創辦的公司，砍掉一切行銷費用，不做廣告，完全依靠MIUI作業系統本身去吸引使用者。在手機推出之前，MIUI依靠其良好的體驗與快速的迭代已經累積了五十萬的初期用戶。有了這五十萬的用戶，就有了希望小米做手機的呼聲，小米手機的推出，就成了順理成章的事。

　　我們強調產品的重要性，不是說行銷沒有價值，而是說要先把產品做好，不要急於行銷，好產品是成功的基礎。先有產品和使用者，然後才有品牌，這和先有品牌，然後有使用者和產品，是完全不同的兩條道路。

第一章
做產品，摸準時代的脈搏

去到那，比藍還藍的海。

怎樣才能做一家大公司？我們認為，大公司都是時代的產物。

在過去三十年裡，中國有三個領域可以賺到百億人民幣以上：第一個領域是房地產；第二個領域是能源；第三個領域就是網際網路。在過去的三十年裡，創業的團隊，如果不是進入這三個領域，那麼無論你怎樣努力，團隊如何同心協力，賺到百億人民幣以上的機會都很渺茫。

所以，我們常說：做小公司靠努力，做大公司靠運氣。這個運氣就是有沒有摸準時代的脈搏。

做小米生態鏈的兩年，我們越來越開始用金字塔尖的方式來思考問題，因為金字塔尖的問題反而更本質、更清晰，金字塔底部的問題則是細碎又繁瑣的，反而容易讓人產生迷惑。

一個好的產品經理如何從金字塔尖思考？從上往下看，首先，要理解一個時代的主旋律，理解消費的變化趨勢；其次，是看清產業的現狀和問題；最後，是具體到產品端，要做高品質的

產品。

　　在動手做產品前，先要把大的基調定下來。如果我們能把大方向選對，只要你往前跑，中間遇到的問題就都是小問題，都是可以解決的。如果大方向沒看準就開始猛往前跑，遲早會出問題。

　　所以下篇的第一個話題，先講一講我們看到的消費變化趨勢，以及其中醞釀的巨大的市場機遇。

第一節　未來十年是大消費的十年

　　今天的創業者非常幸運，遇到了一個時代的轉折點。

從缺乏到豐富

　　從今天往回看，過去的三十年，中國所有領域都是缺乏東西的，物質缺乏、精神缺乏、價值觀缺乏，很多一九六〇、七〇年代出生的人都沒有走出過國門，視野比較局限。

　　身處缺乏的環境中，老百姓並不知道什麼是好產品。在那個年代，牛仔褲、復古墨鏡、蝙蝠袖上衣等新生事物，都會在社會上引起軒然大波。一九六〇、七〇年代出生的人都會記得，當初家中第一次買電話答錄機、第一次買電視機的情景，那會是值得街坊鄰居們跑來圍觀的大事。

　　中國社會在這三十年的發展中，以製造業的大發展，解決了缺乏性的問題，實現了從無到有的轉變。

　　而到今天，中國的缺乏性問題已經獲得基本上的解決，一個時代的轉折點到來了：今天的我們，基礎物質需求都已經得到了滿足，大製造具備生產幾代人都無法消耗完的產品的能力，資訊的快速流通也讓我們可以知曉全球優秀產品的面貌。與物質豐富相匹配的，是整個社會的精神、價值觀、視野也都變得豐富起來。

　　我們認為，未來十年中國社會的主旋律，將是消費。所有和個人消費、家庭消費相關的領域都會有巨大的發展機會，甚至與精神消費相關的領域，也有著巨大的潛力。

大消費時代的到來

　　談到時代性，我們可以延伸一下，談一談民族性。講到我們的民族性，很多人的意識裡會覺得，我們中華民族應該是一個勤儉節約的民族。其實不然。

　　應該說勤儉節約是我們宣導的一種美德，但把視野拉長一些，跨越過往千年的歷史，中華民族一直都是一個大消費的民族。我們回顧時會發現，每一個和平盛世都是大消費時代，甚至幾乎是奢靡的。同時，中國古代不僅追求物質消費，精神消費也非常講究。舉個例子，中國古代對器物雕琢的精細程度，實際上是遠超於世界上絕大多數國家的，這背後也代表著我們本質上是一個消費的民族。

　　但為什麼我們的父執輩看起來似乎並不是這樣的？因為他們是成長在缺乏年代裡的一代人。在他們身上展現出來的消費狀態，其實是我們歷史長河中的「特例」。當我們的民族恢復到一個常態後，比如一九八○、九○年代出生的人，在資源不匱乏的

情況下長大的一代人，他們身上就能夠展現出民族的消費性。

　　我們再來看全世界的消費趨勢。其實很有意思，歷史的進程總是驚人的相似，世界看上去非常複雜，但其實遵循著一些簡單的經濟規律。在社會的正常狀態下，消費、追求更好的生活，是各個民族的本性。

　　以美國為例，十九世紀的美國社會仍推崇勤奮、節儉的清教徒文化。到二十世紀初，美國的消費文化發生了顛覆性的轉變。首先是少數富有階層為顯示社會地位而進行「炫耀性消費」，一九二〇年後各階層人們的「大眾消費」崛起。短短幾十年間，美國從崇尚節儉的社會轉變為追求生活品質的消費主義社會，其背後是經濟繁榮、效率提升、城鎮化加速、文化產業發展、金融服務優化等多種因素在共同發揮作用：

1. 經濟繁榮、收入提高是美國消費崛起的根本，一般大眾也分享了經濟的繁榮；
2. 生產效率提高、商品價格下降使大眾消費成為可能。生產效率提高增加了人們的閒暇時間，大眾消費開始興起。生產效率提高帶來產品價格的下降，曾經的「奢侈品」變身普通家庭的必需品；
3. 城鎮化進程加速、新中產階級崛起為消費文化提供土壤。城鎮化不僅改變了美國人口的地理分布，更重要的是改變了社會階層構成、生活理念，為消費主義的形成提供了土壤；
4. 文化產業發展帶動消費文化普及。新的消費方式、娛樂方式透過廣告等媒介日益被美國大眾接受。電影的普及是消

費主義最初、最主要的傳播途徑；

5. 消費信貸刺激大眾消費需求。商業銀行、銷售商經手消費
信貸業務後，對大眾消費的刺激作用非常明顯。鋼琴、縫
紉機、吸塵器、洗衣機等都是消費信貸發展的代表性商
品，汽車是更具代表性的消費信貸類商品。

美國、日本、歐洲等國家和地區比中國更早進入了大消費時
代，甚至有些國家已處於大消費的後期階段。當下的中國，也正
是在經濟繁榮、效率提升、城鎮化進程加速、文化產業發展、金
融服務優化等因素的促進下，逐步邁入大消費時代。

大消費時代的特點是：從炫耀性消費到輕奢主義的流行，從
追求價格高到追求品質高，從購買商品向購買服務轉變，從滿足
物質消費到滿足精神消費的遷移。

我們千萬不要排斥消費，消費不等同於浪費，消費本身是利
國利民的。美國也好，日本也好，為什麼經濟危機的波動不會影
響它的基本盤？就是因為它的基本盤有消費做支撐。

人口紅利在消費中爆發

有一組對比數字：

在美國，平均每人每年用掉十五條毛巾。在中國，平均每人
每年用掉兩條毛巾；

美國人使用電動牙刷的人數比例為四二％，中國僅為五％；
使用漱口水的美國人比例為五六％，中國為六％；使用牙線的美
國人比例為七二％，中國為一％；

……

　　這裡面有兩個信號：第一，我們的大消費時代還沒爆發，很多產品品類還沒有被普及；第二，中國的人口是美國的Ｎ倍，每一個被普及的產品都將有巨大的人口紅利。

　　今天的中國市場最大的優勢是什麼？就是人口的紅利。在未來十年，人口紅利最能成就的，就是消費領域的公司。

　　據IDG（美國國際數據集團）統計，二〇〇五到二〇一〇年，中國私人消費對GDP（國內生產毛額）的成長貢獻率只有三二％，而在二〇一〇到二〇一五年，這個數據已經攀升至四一％。阿里研究院還發布了一組數據，預計未來五年中國投資和淨出口在GDP成長中的貢獻占比還將繼續減少，而私人消費卻將不斷成長，達到四八％。

　　《大西洋月刊》（*The Atlantic Monthly*）曾聯合高盛全球投資研究所發布了一份二〇一五年《中國消費者新消費階層崛起》的報告。報告中指出：中國城市中產消費者的人數已經過億，約有一億四千六百萬人，他們的人均年收入在一萬一千七百三十三美元（約合新台幣三十五萬元）。這一億多名的中產消費者以及另外兩億三千六百萬人的城市大眾消費者都「不再只會花錢去採購基本用品了」。

　　在中國，中產消費者和城市大眾消費者的數量已經接近四億，這個群體將成為消費升級的主力群體。假設一下，如果這四億人，每人每年使用的毛巾從兩條變為十五條，這將是多大的一個增量市場呢？

　　此前二、三十年，製造業享受了中國的人口紅利，後來網路的發展也享受了中國的人口紅利。我們認為，下一個可以享受人口紅利的機會是大消費時代的到來，各種高品質消費品的生產

者，將迎來歷史性的機遇。

　　所以，今天小米生態鏈已經布局進入多個消費領域。在這個過程中我們也會聽到各種質疑聲：小米越來越像一個百貨市場，變得不專注了。

　　我們內心很清楚，我們進入的每一個領域，都是由生態鏈企業去做，小米仍然只專注於手機、路由器和電視三條產品線，每一個生態鏈企業則專注於自己的領域。我們不會偏離雷總總結的互聯網七字訣：專注，極致，口碑，快！

　　說到底，這個世界也很簡單，做任何事情都是看透宏觀現象，把握微觀本質。我們今天做事的邏輯就是，一定要把大的Picture（圖景）先看好，在時代的主旋律下做事，這樣成功的機率就會大一些。反觀來看，小米最初的快速崛起，與踩準了手機的換代潮密不可分。生態鏈的布局就是希望踩準大消費時代的潮流。

　　踩準時代的旋律，心無旁鶩地做好產品。在時代的主旋律裡，如果我們運氣夠好，沒有做錯誤的決策，同時萬分努力，賭上十幾年、二十幾年，也許我們就能做成一個大公司，成就一番大事。

第二節　螞蟻市場

　　未來十年中國市場的主旋律是消費，接下來讓我們看看，中國消費領域的產業現況是什麼樣子，這其中又有什麼機會。

價格貴或品質差，不存在中間狀態

　　二〇一三年年底，小米和青米的林海峰一起做延長線。在做產業分析時，我們發現了一個很有趣的現象。當時延長線產業第一名的企業是公牛，它是一個民營企業，在中國市場占有率是三〇％；第二名是突破電器，但當時它的市場占有率甚至不到三％。這個結果令人驚訝，市場占有率第一名和第二名之間的差距竟然如此之大。

　　更讓人驚訝的是，整個延長線市場是沒有第三名的。什麼意思？就是說所有剩餘的市場份額都被數以萬計的小公司、小品牌，甚至是大量的小型工廠瓜分掉了。

　　我們當時就意識到，這種市場狀態太特殊了！

　　因為放眼全球，成熟的市場模式其實是這樣的：一個領域有兩、三家巨頭，服務於八〇％的使用者，然後有很多的小公司專注做細分市場的二〇％。

　　但在中國，很多市場並不是這樣。後來我們又研究了很多消費領域的市場來驗證，發現在國內類似於延長線的產業狀態是普遍存在的。比如內衣，中國內衣行業是個銷售額兩千多億人民幣的大市場，但最大的三家廠商加起來都占不到一五％的市場份額，剩下的份額被數以萬計年銷售額不到一億人民幣的小廠商瓜分。

　　這樣的市場被比喻為「螞蟻市場」。就是說整個市場就像一塊巨大的蛋糕，被無數的小廠商分食了，這些小廠商就像是螞蟻。被螞蟻分食的市場裡，沒有大象，也就是沒有絕對領先的大企業。

螞蟻市場的特點是門檻低，低價競爭激烈，它非常容易出現兩個極端分化現象：

第一，出現大量廉價的次級品：這類產品門檻低，上手容易，所以許多小廠都在做，你便宜，我可以更便宜，犧牲品質也在所不惜；

第二，優質的產品價格過高：有幾家產品品質好一些，因為占的市場比例太小，為了保持贏利，它只能讓產品保持高毛利。

所以螞蟻市場裡的產品，若不是價格昂貴，就是品質差，它是不存在中間狀態的。耳機市場也是典型的螞蟻市場。全球市場一年售出耳機大約為三十九億副，其中有十幾億副是手機的標配，跟手機一起銷售，而另外二十多億副，都是品質很差的仿冒耳機。在謝冠宏看來，這個市場大得不得了：「我有潛力去改變那個市場的現狀，成為占有市場份額最大的一家。」

打破慣性，走出舒適圈

在消費的巨大浪潮下，螞蟻市場「不是貴、就是差」的產品現狀，讓消費者沒有好的選擇，巨大的需求無從釋放。以中國的人口紅利，哪怕是很多人覺得不值一提的毛巾，都具有培養出一個「UNIQLO」的市場潛能。

然而，這種紅利，現在卻被數以萬計的做廉價次級品的小廠瓜分掉。中國製造業大發展的這些年，消耗同樣的資源，產出大量劣質的產品，讓低廉的價格等同於次級的品質。一些落後的產品過剩，製造企業產量大卻未必賺錢，更無力為提高品質而持續投資。這是一種無奈的惡性循環，也是產業的悲哀。

　　硬體產品的好壞向來都是整個上下游一體的事。所以進入螞蟻市場，已經固化的供應鏈是一道難以邁過去的難關。我們想享受消費升級的人口紅利，並不容易。

　　但是今天，小米生態鏈的公司已經打入了數個螞蟻市場，我們做了行動電源、延長線、毛巾、枕頭等等。為什麼這些產品都能獲得很大的成功？

　　首先，小米發展的這幾年，我們累積了用網路的方式梳理產業的經驗，這為我們優化管道、優化供應鏈打下了基礎。我們嘗試了很多不同方式，去突破舊的思維模式，改變行業舊有的產業鏈條，並幫助這些行業升級製造水準。

　　螞蟻市場大多是成熟的市場，這些市場保持舊有模式的時間都在十年、二十年以上，很多年都沒有變革，大家都活在舒適圈裡。

　　青米團隊進入延長線領域時，延長線內部的靜電電路長度與結構設計普遍超過五十公分，結構設計很不精簡，這樣的模式二、三十年不曾變動過。為什麼沒有改變？因為過去的模式可以實現延長線的基本功能，安全性也通過了檢驗，整個產業上下游對此也很熟悉，生產這種結構的延長線又快又便宜。縱然結構上它不是最精簡、最合理的，但是這個產業並沒有推動自己變革的動力。

　　大家都待在自己的產業舒適圈裡，都覺得沒有必要改變。當我們進入這個領域的時候，願意跟我們一起嘗試革新的生產製造資源非常少。而對於我們來說，要改變一種舊的模式，就意味著我們要付出更多，重新研發，進行上萬次的測試，不斷改變既有的認知。

　　第一代革新者做一款產品的時間，往往是跟進者的五十倍。看到了再做，和想到了去做，要花費的成本截然不同。然而一旦我們找到了更好的解決方案，整個行業就可以跟進了。也就是說，我們為傳統的行業，開創出了一條全新的道路。

　　青米的技術總工程師劉永潮感慨道，青米延長線的內部結構裡，除了彈簧的螺絲不是我們自己開發的，其他所有的零件都是在按照〇・一公厘誤差的標準進行調整。

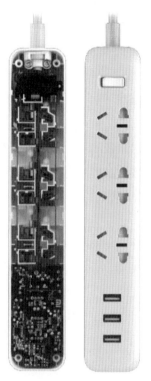

小米延長線內部結構圖

顛覆螞蟻市場靠速度和規模

最後強調一點，顛覆螞蟻市場，動作要快，短時間內擴大規模，才有機會吃到這個市場的紅利。

傳統的螞蟻市場進入的門檻低，市場的特點是小而分散，企業往往很難在技術上累積優勢。雖然我們今天有了創新，但對同業來講，做這樣的創新可能成本太高，他們不會主動去創新。不過，模仿這樣的創新還是很容易的。

那麼我們最終的核心競爭力在哪裡？就是速度和規模。

用速度拉開距離，用規模降低成本、穩定供應鏈，用海量的銷量和口碑，獲得品牌的認可度。青米延長線，一年賣出了幾百萬個，單一SKU（庫存量單位）的銷量在該領域更是史無前例。快速擴大規模，就意味著上了「平流層」，進而拉開與「螞蟻們」的距離。

硬體創業是件非常艱難的事。我們今天覺得自己夠幸運，艱辛地走過了一些路，如果我們走過的路、思考過的事、付出的代價能為同行的人創造一點點的價值，那麼分享這件事就有了意義。

說到底，硬體創業的大浪潮尚未到來。我們期待與更多的人同行，共享紅利的蛋糕。

講真

螞蟻市場，讓中國人太苦了

張峰　紫米創始人

小米生態鏈的矽膠枕頭、床墊，都賣得很好，為什麼會這樣？因為以前的用戶太苦了。你們看市場上的矽膠枕頭或是床墊，價格多貴呀！等生態鏈上的企業做了，我們就很清楚，你用最好的矽膠材料，真正的成本也就是這麼低。

枕頭、床墊市場也是典型的螞蟻市場，這樣的市場都能釋放出巨大的空間，只要你做出品質夠好的產品。

南孚是中國電池市場的老大，它們的電池平均一節[43]人民幣二‧五元（約合新台幣十元）。我們現在採用的是全新的工藝，對生產線進行了改造，使用了很多先進的技術，防漏液和電池性能都比南孚要好很多。同時因為採用了新技術，改善了生產線，我們有效地控制了成本，我們的電池價格為一節人民幣〇‧九九元（約合新台幣五元）。

中國每年大約有三十億節電池的總銷量。如果我們不斷推進，哪怕我們只占到三〇％的市場份額，一年下來我們也能幫這些用戶省下至少十幾億元人民幣。

43　一顆電池。

第三節　品質消費

前面我們講了兩種趨勢：未來十年是大消費的十年，螞蟻市場有著巨大的人口紅利。這兩種趨勢疊加，我們就找到了產品的突破點：品質。

消費升級這個話題，相信大家今天並不陌生。很多人都認為消費升級是賺大錢的機會。但我們想說，消費升級的本質不是價格，而是品質。如果想把消費升級作為賺取暴利的機會，那麼很可能就選錯了道路。

海淘盛行透露消費新趨勢

近些年「海淘」的盛行，也都在透露重要的信號。據第三方機構iiMedia（艾媒諮詢）發布的《二〇一六─二〇一七中國跨境電商市場研究報告》顯示，二〇一六年中國跨境電商交易規模達到人民幣六兆三千億元（約合新台幣二十八兆三千五百億元），是二〇一三年時的兩倍多，海淘用戶規模達到四千一百萬人次。艾媒預計二〇一八年，中國跨境電商交易規模將達到人民幣八兆八千億元（約合新台幣三十九兆六千億元），海淘用戶規模將達到七千四百萬人次。

為什麼境外消費和海淘行為如此瘋狂？顯而易見的原因是國內外的價格差。不少商品是中國生產的，但在歐美的價格比中國境內還低五〇％。而產生這種價差的主要原因則是因為高稅率，國內流通環節多導致成本高，國外品牌對華的高定價策略等因素。

除了價格，境外購物潮興起更根本的原因是商品品質的差別。今天中國消費者的眼光與要求已經提高了，目前的國貨已經無法滿足一般消費者對於高品質產品的要求。長期以來，中國消費者對於國產品牌和產品不信任，多數人覺得國產品牌很low、廉價、品質不夠好。國產品牌和產品整體上跟不上中國消費者對於產品品質的要求。

如果我們進一步分析一下，近年來中國消費者海外「爆買」的行為，假設你有機會去打開他們的旅行箱看看，就會發現一些有趣的變化：奢侈品的比例減少了，高品質、高性價比的日用消費品變多了。

我們調查了一些去年去日本的朋友，發現大家對於奢侈品的熱情已經消退，卻有三個種類的物品很受歡迎：

第一類是各種化妝品和美容產品，有一些是國內並不知名的牌子，產品共同的特點都是宣稱成分天然、不含添加劑；

第二類是日用產品，除了馬桶蓋還有各種保溫杯、各種實用的日用品；

第三類就是營養保健品。

這種購買產品類別的變化，又是一個值得我們關心的信號：品質消費的時代已經來臨。

中產消費，而非中產階級消費

在講品質消費之前，我們先來看看另外兩種消費類型：補缺消費和面子消費。

補缺消費解決的是從無到有的問題，也就是類似於吃飽穿暖之類的問題，一九八〇年代的電視機、洗衣機、冰箱，就屬於此

類。隨著小康社會的到來，補缺消費已完成其歷史使命。

面子消費則更加注重品牌，帶著點炫耀性的意味，一些消費者甚至走向極端：只買貴的、不買對的，盲目購買國外的大品牌、奢侈品。面子消費一直都存在，是一種非理性消費。事實上，我們看到，消費者會透過各種管道比較商品的品質和價格，對於品牌的重視程度正在不斷下降。

品質消費正好處於補缺消費和面子消費之間，是一個從有到優的過程，注重產品品質，但又不至於盲目崇拜大品牌和奢侈品。

日本的電子鍋也好、馬桶蓋也好，你仔細去拆解、去琢磨的時候，發現產品真的做得很細緻、考慮得也很周到。在品質上下功夫，的確有不少值得我們學習借鏡的地方。

我們不能低估消費者，他們對產品的品質是有很強的判斷力的，他們之所以從日本背回電子鍋、馬桶蓋，背後更大的原因是一種理性的選擇。尤其是小米的用戶，理工男占據最大的比例，他們對於各種技術的理解力更強，不少人還會對各種商品的各種參數做細微的搜尋比較，但對於各種品牌所謂高大上[44]形象的塑造、各種情懷[45]，具有天生的免疫力。

消費升級，本質就是要求今天的產品要品質夠好，解決從有到優的問題。

促進消費升級的一個被普遍認可的因素，是中國中產階級的崛起。那麼，什麼標準算是中產階級？其實到今天，這並沒有一

---

[44] 高端、大氣、上檔次的縮語。
[45] 意指高尚的心境、情趣和胸懷。

個定論。麥肯錫全球研究院（MGI）的定義是，中國中產階級是年收入在人民幣九萬到三十六萬元（約合新台幣四十萬到一百六十萬元）的群體。《富比士》（Forbes）認為，年收入在一萬美元到六萬美元（約合新台幣三十萬到一百八十萬元）之間就算中產階級；而社會普遍意識裡的中產階級，似乎應該有車、有房、有閒錢才算是。劃分的標準很多，根據不同標準計算的中國各階層的數量就會存在差異。

衡量中產階級的標準是擁有多少財富。但我們發現，在中國有一個很有趣的現象：比如，一個剛建立的小家庭，夫妻都是上班族，兩者加起來月入人民幣七、八千元（約合新台幣三萬到三萬六千元），按照社會意識的標準，可能達不到中產階級的程度，但他們的消費能力卻非常強，完全具備了中產消費的能力。所以新一代的消費群體，沒有在匱乏的年代下成長起來的消費主體們，他們的消費習慣和理念會和上一代人有所不同。他們可以做到「月光」（在月底把錢都花光）去享受高品質生活，收入也許不高，消費能力卻很強。對於自己比較偏好的產品種類，願意多花錢。

也許按收入劃分階層時，他們未必屬於中產階級，但在消費的層面，已經具備了中產階級的屬性。這就是正在崛起的中產消費。

我們也要關注三、四、五線城市的消費群體，這是個數量龐大的用戶群體。有了手機、有了移動互聯網，其實他們獲得的資訊和一、二線城市幾乎是完全相同的，無論對於品牌，還是產品，他們的認知水準接近一、二線城市，仿冒商品已經不能滿足

他們。三、四、五線城市沒有這麼多大型的商場，大品牌也不願意入駐，小型商場、二、三線品牌對於這些地方的用戶來說越來越失去吸引力，他們會上網去尋找自己心儀的品牌和高品質商品。

還有一點要注意，我們提到中產消費，不能簡單直接地認為是要將更貴的東西賣給所有人，中產消費不等於就是要買貴的產品；透過提供更高品質的產品，進而提高大多數人的生活水準，增進用戶的幸福感，這才是事情的本質。不要一味地去考慮產品的利潤、毛利率，我們要換位思考，假設自己的口袋裡沒這麼多錢，又想買到好東西，這時候會需要什麼樣的產品。

中產消費的特徵是理性消費，每一分錢都超值，只為品質買單，為自己喜歡的產品買單，而不是盲目追隨奢侈品。

所以，這個時代做產品，品質是最重要的標準。

講真

中產階級並不喜歡貴的產品

孫鵬　小米生態鏈產品總監

前一段時間內部有個討論話題，有人問我們是要給中產階級提供產品，還是給低收入的群體。其實問題背後是定價的問題，是把價格定得貴到只有中產階級才能買得起，還是所有人都能買得起。

這既是一個好問題，又不完全是一個好問題。好的地方是提到了產品的定價對於消費受眾的影響，不好的地方是問題裡面有

個假設，預設了定價和受眾收入水準的關係，但是這個預設並不正確。

　　舉一個大家都熟悉的例子，iPhone的定價是給中產階級的嗎？iPhone的定價確實偏高。iPhone的受眾是中產階級嗎？其實並沒有什麼關係，是不是中產階級是按照收入來定義的，但買不買iPhone是由消費者對於手機的需求決定的。

　　再舉一個例子，米家壓力IH電子鍋。這個產品在發布的時候很多人都說價格高，說價格高的人裡面有很多人用的是iPhone 6s。也就是說，這些人買得起人民幣五千元（約合新台幣兩萬三千元）的iPhone手機，卻不捨得花人民幣一千元（約合新台幣四千五百元）買米家電子鍋。那這款電子鍋是定位給中產階級的嗎？其實並不是，我們統計發現很多用米家電子鍋的用戶用的是紅米手機。所以還是得出同樣的結論，是否購買電子鍋是看消費者對於好吃的米飯的需求的強烈程度決定的。

　　幾百塊錢，甚至幾千塊錢的產品，從絕對收入上來說，幾乎所有人都有能力來購買，買不買就看是否認同這個產品的價值。

　　產品的價格由兩個因素決定，一個是成本，一個是用戶需求。成本決定了產品售價的下限，不能比這個低，不然廠商維持不下去。用戶需求決定了價格的上限，很多產品在上市初期，市場上會存在漲價現象，就是因為用戶的需求超出了產品的售價。而利潤就是這兩個因素之間的價格差。

　　如果你的產品購買者都是高收入的中產階級，那只能說明一個問題，就是你的產品做得不夠好，其價值沒有被大眾認可。如果你標榜自己的產品是為中產階級設計的，進而為自己的低銷量找藉口，那只是在欺騙自己而已。

　　比如曾經有一個做手環的公司，每個手環售價七百九十九元，我問這家公司的人，成本才一百多元，為什麼要賣這麼貴，對方說是為了維持產品的高等級，防止人群泛化[46]。其實是他自己知道產品不夠好，即使便宜賣大眾也不會接受，那不如就賣貴一些，賺那些有錢人的錢，後來手環出現了很多品質問題，也證明了這個緣由。

　　所謂中產階級，就是對生活有一定追求的人群，且收入水準可以滿足自己的追求。這部分使用者確實購買能力強，但是並不是喜歡貴的產品，和所有消費者一樣，大家都喜歡良心定價的產品。這樣的產品不少，大多是國外的品牌，比如UNIQLO，比如IKEA（宜家家居）。無印良品在日本是這個定位，但是在中國定價好像不是良心價，價格一直在調整。

---

[46] 無限擴大目標人群。

第二章
精準產品定義

　　方向錯了，一切都沒有意義。如果一個產品本身定義錯了，那之後的努力都是徒勞無功。

　　創業大潮的興起，激發出年輕人更多的創新熱情，創新想法層出不窮。但我們也要看到創業失敗率高的現狀。創業成功率並不高，很多企業在融資到 A 輪、B 輪後，還是會遇到各種各樣的困難，難以為繼。

　　無論是硬體項目，還是軟體項目，創業失敗的原因各式各樣，在所有問題之中，有一個問題最可怕：方向性錯誤。

　　如果一個產品本身定義錯了，出發時的方向選錯了，那之後的努力都是徒勞無功。

　　和軟體項目相比，硬體創業項目通常研發週期更長，投入更大，如各種模型、功能樣機、模具，費用價格不菲。一旦方向出錯了，或者說產品定義不準，所有投入有可能都無法回收，風險極大。

　　軟體產品講究的是小步快跑、快速迭代，硬體創業則無疑要做到「首戰即決戰」，爭取一戰取勝進而奠定公司的基本盤。如果不能一戰而勝，投資者信心不足，極有可能造成資金鏈斷裂的

局面，也會導致團隊士氣低落。要做到一戰而勝，精準的產品定義不可或缺。

那麼，究竟什麼樣的產品定義才算精準呢？我們認為它包含以下幾個方面：

第一，用戶群精準；

第二，對用戶群需求和人性的把握精準；

第三，功能設定精準；

第四，直指產業級痛點；

第五，品質把握精準；

第六，產品的定價精準；

第七，將企業的商業模式、戰略，巧妙地寓於產品之中，是最高境界的精準。

如此廣泛的產品定義，要如何做到定義精準呢？很簡單，靠人。小米的產品經理在過去幾年中一直在密集地「打仗」，他們在各種產品研發中累積了豐富的經驗。德哥有時會調侃我們，說這麼密集的硬體之仗，傻子都學會怎麼打仗了。

是啊，小米生態鏈每年都要定義太多產品，這些產品並不都是成功的，也會有很多失敗的例子。用戶能看到的，大多是我們經過層層選拔、過關斬將，才敢放到市場上的產品，實際上有很多產品在定義階段、設計階段、生產階段，甚至是內測階段被淘汰掉。我們最後篩選出來的產品定義都很精準，而這個過程中我們付出了巨大的代價。

如今，我們很幸運，有一群中國硬體領域頂級聰明的產品經理，他們夠開放，又在密集的作戰中不斷地總結著成功的經驗和

失敗的教訓。本章戰地筆記，就是我們「打仗」之中對產品定義
領域的些許經驗總結。

第一節　滿足八〇％用戶的八〇％需求

　　我們說產品定義要精準，第一條就是精準地選擇用戶群體。
這裡需要注意的一點是，精準選擇用戶群體，不能等同於選擇細
分的小眾市場。事實上，無論是大眾市場還是小眾市場，你都可
以精準地選擇。

要做就做最大的市場

　　小米生態鏈一開始在定義產品時首選的是大眾市場，這既和
我們選擇的產品類別有關，也與我們對於整個時代發展的判斷相
關。

　　產品大致上可以分為兩種，一種是標準化程度高、通用功能
性強的產品，另一類是滿足個性化需求、幫助人們彰顯個體身分
差異、強調情感化的產品。標準化程度高的、通用的功能性產
品，具有先天的效率優勢，無疑更適合大眾市場，適合服務於大
多數人。而小米生態鏈選擇的產品品類恰好都是這一類。

　　我們選擇大市場的第二個理由是，消費升級是一個全民現
象，所有人都在原先的生活條件基礎上提升了生活品質，這就造
就了一個龐大的、對於高品質產品有強烈需求的市場。

　　第三個選擇大市場的原因是網路人口紅利。正如我們之前的判斷，互聯網（網路）分為三個階段，第一個是傳統互聯網階段，第二個是移動互聯網階段，第三個是IoT階段。我們看到，全球的網路大國都是人口大國，網路是繼製造業之後，又一個可以享受人口紅利的行業。毫無疑問，傳統互聯網享受了人口紅利之後，移動互聯網正在享受這個紅利。接下來，IoT和智慧硬體領域的人口紅利剛剛開場。我們認為，這是一片比「藍」還「藍」的海。

　　要做就做最大的市場，不是說小眾市場不好，而是因為如今的網路時代，讓我們有機會去挑戰大眾市場，從大眾市場分一杯羹出來，也給了我們機會去成就一家大公司。所以一定要做那些需求最廣的大市場。

　　這就是我們的邏輯：認準趨勢，找到大市場，和一眾兄弟，幹一票大事，何其痛快而淋漓！

　　另一方面，網路作為一種思維方式，其實比較強調用低毛利甚至免費的產品迅速地獲取海量用戶，在這個海量用戶的基礎上，再做些高毛利的長尾產品。做大市場，獲取海量用戶，也是網路思維的內在邏輯。

　　很多人都認為大市場肯定很難做，而小市場則相對好做。其實並非如此。從人才角度來講，大眾市場由於吸引了各色人等的進入，其實人才的平均水準反而更低，也就是說競爭反而沒有想像中的激烈，只要你做得比別人好一點，就能脫穎而出。而通常大家認為的小眾市場中，聚集了大量的極客和高手，人才的平均水準很高，你要切入這些市場反而難上加難。

聚焦剛性需求，反而簡單

那麼，到底什麼是大市場？我們有一個簡單的使用原則：
八〇％—八〇％原則。也就是說，我們定義產品的時候，要著眼
於八〇％用戶的八〇％需求。八〇％用戶指的是大多數的中國普
通老百姓，八〇％需求指的是相對集中、普遍的需求，即剛性需
求[47]（以下稱剛需）。

消費者的需求的確是多樣化、個性化的，是分散的，對於人
性的把握似乎非常難。曾經有一個兄弟來問德哥，說透過用戶調
查發現了幾百個的用戶痛點，不知道怎麼做選擇。德哥說，其實
很簡單，當你用「八〇％用戶的八〇％需求」這條標準去篩選
時，你會發現幾百個痛點中能夠留下來的就只有少數幾個了，一
切就變得簡單了。

舉個例子，我們在定義華米的第一代手環時，有人希望待機
時間久、有人追求外觀時尚、有人希望螢幕亮、有人希望具備鬧
鐘功能、有人希望滿足個人化需求……，需求數不勝數。但當我
們運用八〇％—八〇％原則的時候，其實剛需就陡然降為三個：
計步、監測睡眠、鬧鐘功能。所以在這樣的指導原則下，提高了
我們對產品定義的效率，後續的研發工作也有了明確的目標。

在功能這個層面上，我們秉持的是寧減勿加。功能的增加，
要考慮兩點：

第一，它是否增加了不必要的成本。硬體每增加一個功能，
都會直接反應在成本上，做大眾市場，就不能讓大眾為小眾的需

---

[47] 剛性需求（rigid demand）指商品供求關係中受價格影響較小的需求，這類需
求通常彈性較小。相對的是彈性需求（elastic demand），是商品供求關係中
隨價格改變而變化的需求。

求去買單；

　　第二，即便在不增加成本的情況下，比如只在軟體上增加了功能，我們也要考慮這會不會讓用戶的體驗變得更複雜。如果不是剛需，又讓用戶感到複雜，我們絕不會增加這項功能。

繞開核心功能等於放棄大眾市場

　　所謂「很特別」的功能往往不是「八〇％用戶的八〇％需求」。當創業公司繞開核心功能，去專注於那些有噱頭的功能時，從某種意義上也就放棄了大眾市場的紅利。

　　二〇一二年，楊華的團隊著力打造一款「菜煲」，這款菜煲以做菜為主，做飯為輔。這聽起來很酷，畢竟市面上電子鍋很常見，但幾乎沒人見過「電菜煲」。楊華團隊軟硬體的開發能力都很強，早年曾為蘋果公司做過很多款home kit（智慧家居平臺）產品。

　　這樣一群人去做一款「菜煲」，無疑是一個聽起來就很特別的事。實際上，他們做得也還不錯：菜煲設計非常精緻，群眾募資的一千台很快售罄。他們開發了可以提供食譜的App，至今仍有用戶在上傳食譜。他們在那時候就研發了溫度曲線，對溫度變化進行即時顯示，他們甚至設計了人體感應功能，每當有人靠近時，菜煲就可以自動啟動螢幕，播放廣告。可以說，他們為自己未來商業模式的拓展奠定了基礎，創造了很多可能性。

　　但是，當時「菜煲」這樣的定義依然有它的尷尬之處。主要在於：你其實是把大眾產品小眾化了，在屬性上把定義狹窄化了。這樣的定義最大的問題是不符合大眾認知，所以就會存在教育市場的成本，也因此不具備大規模生產的基礎。規模生產對做

硬體來講非常重要，有了規模才能夠真正降低成本，維繫供應鏈，產生現金流，讓團隊能夠繼續研發和迭代產品。

還有一點，未來智慧硬體商業模式延展的可能性，也與有多少硬體鋪到市場中密切相關。數量越多，商業延展可能性越大。硬體是智慧的觸點，只有它鋪設的範圍夠廣，與用戶的接觸夠近，智慧才具備發展的可能性。

回首二〇一三年，當時我們接觸純米團隊的第一個問題就是，是否要放棄「菜煲」這樣的小眾產品，聚焦八〇％使用者的八〇％需求，做出一款煮飯功能非常好的電子鍋。

非常幸運，在那個時間點，我們的理念得到了純米老大楊華的認可，雙方達成共識。於是才有了米家電子鍋這樣口碑與銷量的佳作。

所以，在大眾市場之中，不要迴避核心需求。要堅定不移地解決八〇％用戶的八〇％需求。

第二節　守正方可出奇：回歸產品核心功能

出奇制勝，容易劍走偏鋒

說實話，在硬體領域，做大眾產品的小公司真的很難。因為一般而言，大眾產品領域已經聚集了很多成熟的玩家，它們無論從資金、技術的累積沈澱、供應鏈資源上都比小型的創業公司更具有優勢。

　　因此，我們常會看到，很多創業公司在選擇做大眾產品的時候都更傾向於走「出奇制勝」的路，繞開主要的功能點，而去致力打造或添加一些消費者認為是「噱頭」的賣點。當然，這樣的思路是有一些道理的，因為產品主要的核心功能很難和大型的廠商競爭，所以就要試圖側面攻擊，避實就虛，繞開核心功能上的實力懸殊，以添加「特別」的功能來搏得一席之地。

　　很多創業公司都容易陷入這樣的思路，並且不斷地「催眠」自己：這些「特別」的功能真的很重要，是公司的機會和方向，是創新。然而這種思路的最大問題就是，這些「特別」功能真的是廣大使用者最關心和最需要的嗎？

　　很遺憾，有時候，大家費盡心思琢磨出來的所謂創新點，實際上只是在有意識地逃避那些產品最有價值的核心功能。而這些被繞開的核心功能，恰好才是大眾使用者最需要的。所以，當創業公司繞開核心功能，去專注於那些有噱頭的功能時，就已經走偏了。

正面迎戰，不躲不閃

　　在創辦小米的時候，雷總就說過：我們就是想做一台打電話非常好用的手機。沒錯，手機最核心的功能就是通話。當然，隨著技術的發展，現在手機的定義已經不再只是通話工具，而是隨身的「小電腦」，在通話之外，上網也變成了核心功能。

　　八〇%—八〇%原則的核心就是做大眾市場，在這樣的原則之下要求我們必須聚焦產品的核心功能，正面迎戰大眾市場的競爭。

　　大家可以看到，市場上曾經有很多空氣淨化器價格非常高，產品具有很多消費者搞不懂的功能，讓消費者感覺非常尖端、技

術超凡，高價一定是值得的。但從本質上來講，用戶購買空氣淨化器的核心初衷是更有效、更快速地淨化室內空氣。

　　在談到核心功能的時候，我們還是講一下電子鍋這個例子。我們投資做電子鍋的目的，就是想讓中國人也可以在家裡煮出香噴噴的米飯，口感不比日本人做的差。在做這款電子鍋的時候，我們用了幾噸的米去測試不同水質、不同米種、不同海拔等因素影響下，如何能做出軟硬適中且晶瑩剔透的米飯。我們的注意力並沒有放在那些使用者搞不懂的名詞或者噱頭上。

　　很多企業都說自己如何進行創新，但它們的創新往往偏離了核心功能，違背了產品的初衷。在做產品定義的時候，我們一定要時時刻刻提醒自己，這個產品要提供的核心功能是什麼，讓創新圍繞核心功能展開，在核心功能上進行突破，做到同類產品中的最好，不迴避正面戰場。

　　比如我們做電子鍋，不僅要面對國內一線品牌的競爭，甚至不迴避和日本一線品牌一較高下。日本電子鍋基本上代表了全球最好的水準，我們正面迎戰，在核心功能上沒有輸給它們。

　　所以我們回到一個簡單的問題：你是要在大眾市場中做大眾產品嗎？你做好準備了嗎？大眾市場必定高手如雲，但你必須正面迎擊。因為，當你放棄了正面迎戰那些已經存在的競爭對手，放棄了專注產品核心功能時，你也就失去了大眾市場。

　　今天，小米生態鏈的選擇是做大眾產品。我們最想實現的就是讓更多的人擁有更高品質的生活。正是這一點讓我們這些產品人興奮，我們的產品可以讓眾人使用，這件事光用想的就讓人熱血沸騰。中國人可以和任何一個先進國家一樣，擁有一台可以蒸出好飯的電子鍋，一台真正可以保護眼睛的LED燈，一台讓室內

空氣變得乾淨的空氣淨化器，一台讓我們可以放心喝水的淨水器。

好產品是稀少的

　　與此同時，我們覺得非常幸運的一點是，當下的市場也給我們提供了做大眾產品的巨大機會。因為在中國的大眾產品市場中，高品質而且價格合理的產品是非常稀少的，我們在市場上看到的產品要不是價格低廉的劣質品，不然就是品質不錯但價格大大超越價值的所謂「高檔貨」。

　　這樣的市場事實上是對中國使用者消費權利的侵犯。要不你就是忍耐著湊合使用毫無品質的東西，不然就是得多掏錢，雖然有點吃虧，但至少產品有品質。再不然就是出國購買或是海淘。這些年中國消費者被老外嘲諷的「New money」（暴發戶）的購物瘋狂，其實不過是因為人們想擁有價格合理而又有品質的產品而已。

　　這是真實的、迫切的需求，而大眾需求迫切之處正是市場趨勢之所在。所以我們說我們今天是幸運的，能夠在市場的大趨勢之下去實現我們對產品的理想。

講真

先守正再出奇

劉新宇　小米生態鏈產品總監

　　每個品類都要有一、兩個關鍵的點。比如淨化器，可能既要將空氣淨化得非常乾淨，同時它工作起來還要安靜。一個品類裡往往至少要有一、兩個吸引人的點，因為使用者對它的認知就基

於這兩個點。

守正方可出奇，我們不能迴避正面的、基本的東西，不能老想著出奇制勝。我見過很多創業者本能地避開這些基本的點。因為他們會假設，如果無法超越這個行業裡比較強的對手，基於市場的殘酷性，就本能地避開這些基本的點，然後去加上一些創新點。後來我們跟一些創業者討論，其實如果不能在最核心的點上去推動產品進步的話，那些所謂的創新點，往往也是別人能夠考慮到的。

其實我們一直在尋找最認真、最有決心要推動行業進步的團隊。比如我們在電動牙刷領域看了兩年，基本上所有做電動牙刷的團隊都找過我，很多創業者上來就講這個市場是如何好，機會如何好，我都不太在意。因為不是說市場好，就是留給你的。關鍵是要講清楚你跟一流大廠的差距在哪裡，最大的技術難點在哪裡，如何去克服。

一個真正能夠講清楚行業痛點並找到相應辦法克服的團隊，是我們要找的團隊。所以我們最看重的是在核心點上有機會突破的團隊，然後再看一些別的點。

第三節　解決產業級痛點，做下一代產品

在小米生態鏈的投資邏輯裡，我們曾經談到過痛點的問題。我們選擇投資領域，一定要存在不足和痛點。痛點程度越深、出現頻率越高，解決這些問題帶來的產品勢能就會越大。小米生態

鏈的體系下出現過很多爆款產品，基本盤就在於它們的核心功能切中了用戶的痛點，而且有效地解決了痛點。

三個層次的痛點

深入一點來談，其實痛點可以分成三層：

第一層是產品級的痛點，指的是使用者使用產品時碰到的問題，或是沒有達到理想狀態的情況。如何找到產品級的痛點？一個簡單的辦法是，在天貓、京東上看看同類產品的使用者評價，尤其是負評的內容。可能看一百條、兩百條，看不出什麼端倪，但要是看了一萬條、兩萬條甚至更多條，肯定就有感覺了。所有用戶的意見都攤在那裡，就看你怎麼去挖掘、總結、篩選。找到痛點，解決好這些問題，這個產品至少能拿到八十分。

第二層是產業級的痛點，也就是產業普遍存在的沒有解決的重要問題，解決了產業級痛點，才可以說做出了「下一代產品」，才有望成為行業的引領者。產業級的痛點之所以存在，一方面是因為技術的發展水準不夠，無法解決眼前的問題，另一方面則是因為大部分企業仍待在自己的舒適圈裡，對這些存在多年的痛點視而不見，而消費者有時候也容易把這種痛點當成理所當然，能忍就忍了。

第三層是社會級的痛點，即整個社會普遍存在的問題，比如空氣品質問題，這甚至成了全球性的社會問題。空氣淨化器就是針對這個社會痛點熱銷起來的產品。再比如淨水器，水質的問題也是全中國都存在的難題，而且因為對生活品質的追求，近幾年使用者對淨水的需求越來越大。淨水器市場的爆發，也是為了解決這個社會層面的痛點。

產業級痛點是顛覆行業的機會

在這三個痛點之中，產品級的痛點相對好理解，社會級的痛點可遇不可求，產業級的痛點是我們最容易抓住並顛覆行業的機會。所以我們重點來談一下產業級痛點。

當我們決定與雲米一起開發淨水器產品時，我們發現當時市場上幾乎所有的淨水器產品都存在漏水的問題。當時在百度搜尋「淨水器漏水」，會出現一千萬條搜尋結果，說明所有品牌或多或少都存在這個問題，這真是使用者「心中的痛」。顯然，這是一個典型的產業級痛點。想進入這個產業，我們就必須攻破這個痛點。

解決漏水問題最重要的方法就是盡可能減少淨水器的內部管路連接零件。其實幾年前，就有人提出過用集成水路的方式來替代淨水器管路連接的想法。但是幾年過去，集成水路依然是整個行業懸而未決的難題，沒有一家企業嘗試採用集成水路方式。這是為什麼？

首先，集成水路的開發難度大，需要設計材料、模具、流體力學、水化學、電化學等多方面的知識，對一個團隊的人才結構要求很高。必須要有跨界的人才、有足夠的決心才能去做這件事。很多傳統的淨水器公司研發人員，通常習慣於依靠以往的經驗對產品進行改良和改善，經驗主義本身就在束縛他們的創新思維。

其次，集成水路開發的成本極高。傳統的管路連接方式在開發層面已經成熟，有既有的模具、成熟的供應鏈支持。而開發集成水路，要對原材料的搭配、工藝、模具等方面重新進行開發，

可以說是一項顛覆性的創新。

　　技術創新是有風險的，沒有明確的路徑，就像在一個黑暗的環境裡面摸索，不知道結果會怎麼樣，但必須要把大量資金投進去。這就是為什麼痛點一直存在，但行業裡的很多企業都對其「視而不見」。

　　在下決心要「搞定」這個行業痛點的初期，陳小平有種擔心：因為是從零起步開發全新方案，團隊成員都不知道什麼樣的技術路線可以取得成功。但一個產品切入市場的空窗期很短，雲米不可能無限期地研發這個產品。

雲米團隊在討論方案時，用了一百多張A0紙，密密麻麻排滿兩面牆，共需解決兩千三百八十項問題痛點。

　　要賭，就賭一把大的。雲米設計了三套方案，同時推進，平行試錯[48]！為了把一款產品做到極致，大家都沒有退路，必須把它搞定，只是需要考慮選擇什麼樣的路徑、付出什麼樣的代價去搞定而已。

　　雲米組成了一個跨行業的團隊，網羅了開發集成水路的各領域專業人才，從不同的思維和專業角度去突破這個難題，從三條

---

[48] 指對新產品同時開展兩組或多組試錯。優點是能夠對不同的試錯結果進行比較分析，發現哪些錯誤具有共同性、差異性，進而改善。缺點是增加企業成本負擔。

圖左為陳小平，圖右為雷軍

技術路線同步探索。無疑，這樣做意味著更大的資源投入，但我們可以在與時間的賽跑中獲得先機。

「因為在時間上我們承擔不起一個方案不行，再從頭嘗試另一個方案的風險。」陳小平下定決心的時候，心裡一直有股信念，感覺這件事一定能夠做好。但在取得成功之後，他突然在一瞬間感到害怕：「如果當時我們沒有搞定，這個公司就掛了。」

這是一套非常複雜的工藝。有些企業看到我們的產品設計，買回去拆開來研究，想按照這個模式生產，它們做了模具，但就是做不出產品，後來只好放棄了。

其他企業是無法模仿成功的，這其中有兩個原因：第一，小米淨水器在設計的過程中，共有四百多項專利，其中發明專利就有一百多項，零部件的創新率達到九〇％以上；第二，雲米是由幾十個資深的、跨行業的工程師同時進行，用三套方案試錯的，把近二十種原材料按照不同比例混合，前前後後調配出三百多種材料，在三套模具中進行測試。

在這個過程中，模具有問題就更改模具，工藝有問題就更改工藝，材料有問題就重新調整材料，大家不斷地摸索和迭代，卯足勁地加班拼出了最佳方案。一般企業要是想自己研究出來，估計最少也得需要兩、三年時間。模仿者做出形狀一樣的模具不難，但要試出這個材料配方就太難了。

在下定決心和資源投入之外，這個案例還包含我們對方法和路徑的思考。小米淨水器這款產品的技術現在處於全球領先地位，很多企業都主動來尋求合作。甚至當我們開始研發第二代產品時，別的企業連第一代產品都沒開發出來，這就讓我們具備了領先勢能。

如今，這個行業痛點已經被我們和雲米解決，產品出來後一戰成名，有了口碑。由於這個行業痛點已經不存在，其他企業想要超越，就不能在這個方面下功夫了，必然要再找其他可以顛覆的機會和方向。

我們承認，解決產業級的問題要付出巨大的代價，還要面臨極大的風險。所以目前國內很多產業級的痛點無法解決，其根本原因並不是我們不具備解決問題的能力，而是很多人缺乏破釜沉舟去解決問題的決心。

選擇解決產業問題，實際上也是我們價值觀的一種展現：我們是否要挑戰這些難點？不要總是微調，甚至不求改變，不要只去追求更便宜的。我們要推進產業向前，實現自己的價值。

然而解決產業問題，不僅僅是價值觀的問題。實際上，從硬體企業的長遠發展來講，嘗試解決產業的問題具有巨大的價值。

雲米研發成功的集成水路，被譽為推動整個行業加速進步了五年的一次大革新。如今的雲米無論是在拓展管道客戶，還是在對外合作方面，都獲得了前所未有的競爭力。

所以我們認為，如果一個產品試圖在成熟的市場中奪得較大的份額，痛點就不能局限在產品端。解決產業級的痛點事實上會為企業在市場競爭中創造一定的時間優勢，讓產品在行業中的地位更穩固。即便我們後續會遇到其他廠商跟進甚至模仿，但差距始終都會存在。只有不斷開拓、精益求精才是真正的王道，一款產品只有經得起專業的推敲才能走得更遠。

講真

牢牢把握住行業發展方向

劉新宇　小米生態鏈產品總監

做一個產品，要跟這個產業的升級方向保持一致。我們作為創業團隊，具有一項優勢，就是沒有包袱。不用去考慮那些低端產品的影響，只需要牢牢把握住行業未來的發展方向。

比如我們做的電子鍋是一款中高端的產品，那整個行業在升級的時候，一定會遇到我們，只是我們先走了一步。隨著時間的推移，我們的優勢一定會越來越明顯。所以我們做產品的思路是，一定要做行業裡的技術領先者，站在前面等大家。

第四節　大眾產品高質化

前面我們講了，一定要做最大的市場，聚焦八〇％用戶的八〇％需求，並且正面迎擊，針對用戶的剛性需求解決其痛點。那麼在大眾市場，還有哪些定義產品的秘訣？

其實，我們可以換一個角度思考，大眾市場中的產品就是人人都需要的產品。那麼這樣的品類中，什麼樣的產品最受大眾歡迎？

答案就是我們要講的下一條原則：大眾產品高質化。

更挑剔的新一代消費者

大部分商家都會宣稱自家的產品品質是最棒的，但對於什麼是高品質產品，出生於不同年代的人有不同的標準，一九八〇、九〇年代出生的人對於品質的要求，要明顯高於一九六〇、七〇年代出生的人。

過去在物質匱乏的年代，人們的消費習慣是買到滿足功能性需求的產品即可。比如電子鍋能煮熟飯就好，熱水壺能燒開水就好。因為物質匱乏，那是一個用「有」來對抗「無」的時代，解決實際需求即可。人們對產品品質、售後服務或是外觀，都沒有太高的要求。

而現在已經進入物質豐富並且過剩的時代，人們在市場上可以有更多的選擇，消費水準也在提升，隨之更注重產品的品質。

還有一個重要因素，隨著一九八〇、九〇年代出生的人逐漸成長起來，他們正在成為新一代主流消費者。這一代人普遍是在物質豐富的環境下長大，生來就沒有上一代人經歷過的那種嚴重的物質匱乏感，他們的消費特徵與上一代人完全不同。當你一出生面對的生活就是物質不緊缺，可以有很多選擇，那麼你自然而然地會追求品質。

其實，一九八〇、九〇年代出生的人對品質的需求，並不取決於他們手中可支配財富的多少，而是因為時代不同，形成了不同的消費觀。這些新一代消費者對於產品的美學品質、用戶體驗，還有產品指標，都會更加挑剔。

一方面是經濟在快速發展，另一方面是這樣的一個新消費群體在成長，這使得今日的中國，開始進入一個新階段，即為「高品質」買單的消費階段。

　　我們在定義產品的時候，就是要抓住這樣的趨勢，要對開發何種品質的產品了然於心，不要以上一代人對產品品質的要求來應對更加挑剔的新一代消費者。

高品質產品，要能提高效率，或是帶來更好的用戶體驗

　　究竟什麼是高品質？我們可以列出很多高品質產品的具體表現，例如更美觀的造型、更精湛的工藝、更可靠的功能、維護保養更方便等。

　　這些高品質的特徵，大體上可以分為兩大類。

　　第一類是提高效率。

　　例如米家掃地機器人，主打特色：把地掃得又乾淨又快，這其實就是一個典型的效率問題，好產品就是要讓生活更簡單，讓人們從繁重的家務中解脫出來。空氣淨化器要更快地、更徹底地淨化空氣，而且透過遠端控制可以提前開始工作，這也是效率問題。不用起床，只要用手機輕輕一點就可以關燈，也是效率問題，Yeelight智慧燈就可以輕輕鬆鬆做到遠端操控。戴森（dyson）吸塵器的無集塵袋、免更換濾網等功能，讓產品維護變得更簡單、便捷，同樣也是解決效率問題。

　　這些有點兒像我們平時說的「懶人經濟」，其本質是提高生活效率。

　　第二類是更好的用戶體驗。

　　更美觀的造型說的是用戶體驗，透過手環自動偵測用戶是否睡著來實現自動關燈，也是一種用戶體驗。良好的用戶體驗會讓使用者在使用產品的過程中產生各種奇妙的心理感受。我們不僅要關心用戶體驗，還要致力於打造超出使用者預期的用戶體驗。

只有超乎預期的用戶體驗，才能帶來好的口碑。雷總曾經講過這樣一件事：

> 我懷著無比崇敬的心情去了杜拜，一進入帆船酒店，就感覺金碧輝煌，好像牆上真的貼了金子，但現代人的審美觀不會覺得這是奢華，而是土。所以我覺得很失望，這難道是全球最好的酒店嗎？我想是因為我的預期太高了。現在回想起來，帆船餐廳好得驚人，但是我的預期如此之高，所以我失望了。口碑的核心是超越用戶的預期。帆船酒店的服務肯定比海底撈的服務要好，但是它沒有超越用戶的預期。海底撈破破爛爛的，進去鬧哄哄的，但是包括服務員的笑容在內的很多細節征服了每一個客戶，所以海底撈的口碑是無敵的。

我們做高品質產品，要緊緊抓住這兩個施力點，要不就是極致地提高效率，使得效率能遠勝於競爭對手，省去用戶的麻煩、節省用戶的時間和空間；要不就是設法帶來超出用戶預期的體驗，給用戶帶來驚喜，也給用戶一個可以分享給親朋好友的好題材。

少做產品，才能做精品

做高品質產品最大的訣竅是，少做產品，只做精品。

不少企業做產品喜歡用「機海戰略」，直接做出數十款甚至上百款產品去覆蓋市場，反正這麼多款，總有一款適合消費者，經銷商可以從中挑出自認為好賣的款式，用戶也能找到真正適合自己的。「機海戰略」背後的邏輯是不把雞蛋放在一個籃子裡，

透過試錯法找出最適合市場的產品。這有點像我們前面講過的傳統戰爭的打法，不知道敵人在哪裡，用一百門大炮一陣狂轟濫炸，總能打下來。

「機海戰略」的後果是企業有限的資源被分攤到數十種產品上面，很難做出真正意義上的精品。

事實上，對於標準化程度高、通用的功能性產品而言，這種用多款產品去覆蓋市場的方法作用很有限。沒有精品，很難產生好的口碑，很難引爆市場。

我們的打法是只做一款產品，精準打擊，用所有的資源、人力，全力以赴做好一款。所有的希望都集中在一款產品上，可以說是置之死地而後生，全力出擊，一擊制勝。

以全世界最好的產品為標竿

每一個去日本旅遊回來的中國人，感觸最深的一點就是日本的米飯好吃。這恐怕是八〇％的人最深刻的一個「日本印象」。電子鍋在中國普及二十多年了，人們現在已經清楚地知道好米飯與差米飯之間的口感差別，所以我們看到去日本背回電子鍋的人也越來越多。

對於電子鍋這樣一種大眾產品，我們在研發階段直接將目標對準在國際最領先的技術方案，我們查找全世界的相關專利後，選擇了壓力IH技術方案，旨在提高國產電子鍋的品質。

實際上，要在中國做出一個好的電子鍋真的很難。在日本，當地的米品種優良，並且種類少。而中國境內大米品種繁多，估計有一千多種，南方與北方的大米味道和口感差別很大。北方是一年一季米，南方則是一年三季米，市場上還有各種為了提高產

量而雜交創新的品種。同時，影響米飯口感的因素也非常多，除了不同的品種，還有不同的水質、不同的海拔高度、不同的大氣壓力、不同的升溫速度等。我們計算過，大約有八十一個影響因素。即使我們採用了最先進的壓力IH技術方案，但國內的品種、水質、地理環境等因素也要比日本複雜百倍，所以我們只有進行海量的實驗，才能真正做出一鍋好吃的米飯。

那時候，我們在純米的實驗室裡擺了十幾個從日本帶回來的各大品牌的電子鍋，與我們設計出來的鍋同時煮飯。每天都是一邊對比，一邊調整我們的硬體設計和軟體設計。米家壓力IH電子鍋發布之前，研發工作就用了一年多時間，並且用掉了好幾噸大米反覆進行實驗。直到有一天，我們的電子鍋煮出來的米飯，吃上去與日本電子鍋不再有任何差別。

千萬別說我們浪費糧食，因為不做這麼多實驗，不進行無數次地修改與調整，用戶就無法吃到晶瑩剔透、軟硬適中、軟Q可口的米飯。

很有意思，米家一代電子鍋做出來之後，竟然在日本國內引起不小的騷動。日本的電視臺特地做了一次盲測，將用米家電子鍋煮好的米飯與日本電子鍋煮好的米飯一起端給消費者品嚐，結果現場十個人中有六個人認為米家電子鍋做出來的米飯更好吃。這正是我們的心願，做出一口好鍋，不僅讓中國人吃到好吃的米飯，還要把這個鍋賣回日本去。

米家電子鍋、小米延長線、行動電源、LED燈，一款款在人們生活中已經習以為常的產品，透過我們大眾產品高質化的策略，在提高用戶生活品質的同時，也為我們自己打下了一大片市場。

第五節　小眾產品大眾化

　　「大眾」是小米生態鏈關注的重心。它具有兩層含義，一層是關注大眾市場；另外一層，是將小眾的產品大眾化。小米手環就是最典型的小眾產品大眾化的例子。接下來我們來說一說，如何把小眾產品變為大眾產品。

用低價降低門檻，在功能上做減法

　　在二〇一三年年底我們決定做智慧手環的時候，這類產品已經是一個創業熱點，不少創業公司正在這個領域打拼。這個行業的特點很明顯：新興的熱門產品市場，參與競爭的品牌眾多，行業處於起步階段，用戶量少，價格偏高。

　　那時候的國產手環價格大多在人民幣五百到八百元（約合新台幣兩千三百元到三千六百元），進口手環的價格基本在人民幣八百到一千五百元（約合新台幣三千六百元到六千七百元）。智慧手環對於年輕人來說，的確是一個新鮮事物：高科技、時尚、酷炫。但價格門檻擺在那裡，阻斷了不少年輕人的好奇心，很多年輕消費者因為價格高而放棄了這個嘗鮮的機會。這種困境使得手環市場成長非常緩慢，手環長期徘徊在小眾市場中。

　　面對這種情況，我們決定用大眾市場的邏輯去做小眾市場，一定要把「嘗鮮」的門檻降下來，讓大眾用戶能以較低的成本、便捷的方式獲得這個產品。

　　在為小米手環下定義時，我們先把傳統手環的痛點全都梳理了一遍，發現了近一百個痛點，然後按照八〇%─八〇%的原

則，找出重複率最高的痛點，最後總結出三個核心：

第一是價格高，門檻高。

第二是功能太多、太複雜，八○％的功能基本上用不到。這裡產生了兩個後果：一是用戶體驗不好，二是功能多就必然導致成本高，八○％用戶用不到那八○％的功能，但他們要為這八○％的功能付費。此外，當時手環普遍待機時間短，充電頻率高，反而增加用戶使用產品的負擔。當然，待機時間短跟功能複雜也有關係。我們發現，每天必須充電就是蘋果手錶用戶最集中的一個吐槽點。說明待機時間短是一個行業痛點。

第三是當時的手環沒有用戶黏性。很多使用者不會長期佩戴此款產品，手環是一個可有可無的「配件」，一旦過了新鮮期就會被閒置起來。

你會發現，導致手環徘徊在小眾市場的幾個痛點之間相互關聯，功能多導致價格高；價格高導致門檻高，阻礙用戶嘗試；那麼貴買來一個產品，待機時間短，又沒有特別實用的功能，導致用戶體驗不好，無法在用戶群體中形成口碑效應。如此惡性循環，無法突破小眾範疇。

所以我們當時要精準定義，首先只保留八○％用戶最看重的八○％功能，就是計步、監測睡眠、計算卡路里、來電提醒這幾項剛性需求。其次徹底砍掉了那些用戶基本上用不到的功能，保留適合八○％用戶的共性需求，這樣做使得用戶體驗變得簡單便捷，並且大大降低了成本。

用八○％用戶的需求做完產品功能的減法後，我們開始思考一個非常重要的點，如何為它增加黏性？我們發現了一個很酷的功能點：為手機解鎖。二○一三年，手機的指紋解鎖功能尚未普

及，人們每天平均透過輸入密碼或圖案解鎖來開啟手機的次數不低於一百次。當小米手環靠近手機的時候，手機就可自動解鎖。這個功能給米粉帶來極大的便利，深受用戶喜愛，我們透過這項技術手段將手環與手機緊緊地「黏」在一起。

雷總就是一個典型用戶，有一天早上他出門時忘了帶手環，一整天都要不停地輸入手機的解鎖密碼，後來實在無法忍受，只好請人回家幫他把手環送過來。

那麼，小米手環的精準定義出來了：

第一，只賣人民幣七十九元（約合新台幣三百五十元），以極低的價格打破了用戶嘗鮮的門檻；

第二，聚焦少數幾項核心功能，服務於使用者的剛需；

第三，透過手機解鎖功能創造黏性，讓使用者離不開這個產品。

這樣定義出來的產品，結果正如大家所看到的，小米手環一代在兩年內賣出兩千萬個。同時，整個行業都效仿了我們的做法，不僅小米手環賣得好，很多品牌的手環銷量也快速成長，使得手環從小眾市場進入了大眾市場。

別人不看好的產品，反倒有機會

當昌敬決定做掃地機器人的時候，投資人迎面潑來一盆盆冷水：不看好掃地機器人市場，更不看好由一直做軟體的昌敬來做硬體項目。

在中國的創投圈子，有一批投資人是專門盯「人」的：投資，首要的是投人。昌敬有著在遨游、微軟、騰訊的豐富工作經歷，之後創業。隨著魔圖被百度收購，昌敬進入百度。此時的昌

敬，已經被許多投資人盯上，時常有投資人找他「聊聊」。當聽說他願意再創業的時候，很多投資人「撲」了過來，但當聽說他要做掃地機器人後，又都無奈地搖頭離去。

「投資人家裡都有保姆（佣人），他們根本看不到掃地機器人的使用場景（情形）。」投資人並不看好掃地機器人市場，一方面是因為他們本身並不屬於「大眾群體」。還有另外一個原因，掃地機器人已經在市場上出現多年，但始終徘徊在小眾市場。

昌敬為什麼看好掃地機器人？這要從一個產品經理的方法論談起。

昌敬做了許多年的產品經理，判斷一種產品是否有市場，他總結出四個篩選標準：

第一，痛點夠痛。就是要看這種產品能否解決使用者的痛。這種產品不一定是剛需，但沒有這種東西，用戶會有一種痛，不舒服。比如微信，並不是剛需，微信本身解決的是溝通的問題，以前用電話、簡訊也能解決溝通的問題，但每一條簡訊都要收費，花錢對於用戶來說是一種痛。多人溝通、發視頻、發照片，這些溝通方式很不方便，這也是用戶的痛。微信剛好解決了這些痛，所以它的需求被激發出來。所以，用戶有痛，就一定有需求。

第二，使用頻率夠高。車、房是高消費、高利潤的市場，但是用戶操作頻率低。微信是解決了用戶需要高頻率操作的溝通問題，才有機會在產品本身之外建立新的商業模式，尋找新的商業點。這也是網路產品的特點。

第三，用戶群夠大。微信解決的是用戶的一個基本需求，所

以用戶量會非常大。選產品方向的時候很重要的一個衡量因素是用戶群體，如果只定位於老人、女士、母嬰，這都是細分市場，不夠廣。再看看掃地機器人，投資人不用掃地機器人，因為他們家裡都有傭人，但絕大多數用戶，都存在清潔的痛，同時又請不起傭人，這將是一個大眾需求的市場。

第四，門檻夠低。產品有市場需求，但不能普及，一定存在制約因素，即門檻高。門檻高，一定會影響普及度。比如，操作非常複雜，或產品設計的用戶體驗不好。而最常見的一個門檻就是價格。很多網路產品可以快速普及，就是因為網路產品免費，不存在價格門檻，如果用戶體驗好，瞬間就可以普及。從這一點上說，很多新品類的硬體，長期維持高價，很難從小眾市場走向大眾市場。

從前三項來看，掃地機器人一定是非常有市場需求的產品，但是之前市場上已存在的產品門檻很高：第一是用戶體驗並不好，掃地掃得不乾淨，噪音大，遇到電線就容易卡住，容易被頭髮纏住。這樣的產品，用戶使用起來一點兒都不輕鬆，人還得「伺候」機器，並沒有比自己掃地提升多少效率。很多價格低的掃地機器人都是這種情況。第二就是價格問題，一些國外進口的掃地機器人，功能稍微好一些，但價格很高，動輒人民幣四、五千元（約合新台幣兩萬兩千元）以上，用戶體驗並沒有超出預期，讓消費者感覺性價比不高。在這兩種情況下，消費者多是抱著觀望的心態。

如果我們做一種產品，用戶體驗夠好，價格夠低，一定能像今天的洗衣機一樣在用戶中快速普及並被應用。

「從我的經驗來看，這種產品應該是一個好的方向，我一定

要做。同時，大家都不看好，我就更好做。」昌敬的話，聽上去有些執拗，難道創業只是為了證明別人的判斷是錯的？

當然不是。正是因為看好這個領域的人少，在這個領域沒有特別大的競爭者，所以這是一個幾乎沒有競爭的市場。這樣的市場有兩大特徵：

第一是競爭不充分，大家都沒有動力把產品做到更好，產品的整體水準比較低。當時市場上無論是國產的還是進口的產品，都存在很多的痛點，不能有效地滿足用戶的需求，沒有形成用戶口碑效應。

第二是這個市場還沒有產生一家具有品牌優勢的企業，他們完全有機會成就一家大公司。

昌敬發現，用戶在網上搜尋「掃地機器人」的時候，一般不會輸入具體的品牌，而是搜尋這個品類。而成熟的產品品類，比如手機，用戶在搜尋的時候，一般都會直接輸入自己理想的手機品牌，比如小米、華為、蘋果，甚至還會輸入更具體的產品型號。

這說明，還沒有哪一個品牌在這個品類市場中具有壓倒性優勢，讓人們覺得這個品牌就代表這個品類。如果有一個品牌已經占據了用戶的心，新品牌再想替代它是很難的。所以，那時候我們發現搜尋「掃地機器人」品類名的結果條數遠多於品牌名，說明這個品類是可以做的。

後來昌敬團隊在做掃地機器人的過程中，只圍繞兩個核心：一是做一個掃地掃得好的機器人，去掉其他亂七八糟的噱頭。二是定一個合理的價格。如果這兩個核心都能做到，就打破了這個品類的門檻。

米家掃地機器人

這裡有個小插曲，昌敬團隊初期設想，如果這款掃地機器人定價人民幣九百九十九元，一定能徹底打破價格門檻，所以團隊最初希望將價格控制在人民幣一千元（約合新台幣四千五百元）以內。但後來怎麼也控制不下來，為了產品的用戶體驗更好，所有的原材料都選用最好的。

最後產品上市的價格為人民幣一千六百九十九元（約合新台幣七千六百元），這款產品的性價比贏得了用戶的一致好評，使用體驗遠超過市場上很多人民幣四、五千元的產品。很多以前用過其他品牌掃地機器人的用戶轉向米家掃地機器人，而一些一直對這個產品持觀望態度的使用者，也終於出手了。

米家機器人從上線銷售開始，幾個月內一直處於供不應求的狀態。為了參加雙十一的活動，昌敬的團隊與供應商加班，備了

很多貨，但還是被搶購一空。現在，昌敬的自信越來越足，「打破門檻，就可以成為這個市場的領先者。希望透過我們的努力，加速這個品類的普及」。

用國外大眾市場影響國內小眾市場

機緣巧合，騎記公司在二〇一四年成為小米生態鏈的一分子。

在小米生態鏈上，騎記是專注於自行車行業的一家企業。創始人黃尉祥以前一直經營騎行俱樂部，還開發了騎行的App。雖然沒有做硬體的經驗，但他對騎行市場非常了解，並且透過App，在全國各地結交了很多喜愛騎行運動的好朋友。

剛剛加入小米生態鏈的時候，黃尉祥並沒有想好要定義一款什麼樣的自行車。思考了幾個月都沒敢貿然出手的黃尉祥，在二〇一五年情人節有了一個意外收穫：他在上海騎到了採用TMM（Torque Measurement Method，扭矩測量方法）力矩傳感技術的原型自行車。腳輕輕踩上去，自行車自然放大你的踩踏力量，可以使你輕鬆自在地穿梭於城市中——這就是電助力自行車。騎起來不像騎自行車那麼累，又不像騎電動自行車毫無騎行的樂趣。

電助力自行車在國內還未普及，但在歐洲已經被消費者所認可，作為一種城市短途交通工具深受廣大用戶喜愛。這類產品大多在歐洲生產，生產成本高，銷售價格更是高得離譜。黃尉祥試騎的這輛車價格是一千八百歐元（約合六萬四千元台幣）。

「這麼好的自行車，中國還沒有，是不是可以通過我們的努力把這種產品帶給國內的消費者呢？」騎記加入小米生態鏈後，第一款產品就定位為電助力自行車。

　　二〇一六年六月，米家電助力自行車上市。懂這個行業的人都知道，人民幣兩千九百九十九元（約合新台幣一萬三千元）的電助力自行車，性價比非常高，黃尉祥對這款自行車的銷量非常滿意。

　　但也有很多消費者不知道電助力是個什麼概念，以為人民幣兩千九百九十九元就是一輛普通的電動自行車，對這款產品的定位和定價都提出質疑。

　　電助力自行車在中國還處於初期階段，需要做大量的市場培育工作。那麼，這是不是應該算一個小眾市場？

　　黃尉祥不這樣認為：「自行車是一個全球大市場。雖然現在國內用戶認知度不夠，但在國外市場的收穫也能讓我們在短期內受益。」

米家電助力自行車

　　在黃尉祥看來，大眾市場的定義不能局限於國內市場。

　　電助力自行車在歐洲已經被用戶所接受，而米家的這款車利用中國製造的優勢，把成本控制得很好，做到歐洲當地品牌一半以下的價格，可以加快這類自行車在歐洲市場的普及。如果米家電助力自行車以低價、高品質在歐洲市場大獲成功，到時候，在海外市場取得成功的產品，更容易被中國消費者所接受。

　　短期內，黃尉祥計畫國際與國內銷量的比例達到七比三。隨著國外市場逐漸成熟，國內市場也會快速升溫。黃尉祥表示這個升溫的過程會非常快，「預計兩年內國內市場銷量至少是現在的五倍」。

　　現在看似小眾，但已經被國外認可的產品可以先打入國際市場，然後利用在國際市場創下的口碑，回攻國內市場。這兩年左右的時間差，讓這個品類在中國也將擁有大眾市場。

創新擴散曲線，變了

　　在小米促進手環領域從創新到普及的過程之後，我們重新檢視了這個過程。我們發現，在當今網際網路完全成熟的條件下，技術普及的邏輯也發生了改變。

　　以前在科技界，一項新技術或是一款新產品出來，自然會有一條「創新擴散曲線」。創新型消費者是率先採用新產品的一群人。其次是早期採用者，然後依次是早期多數消費者、晚期多數消費者及落後型消費者。

　　在以往的數據中，創新型消費者約占總消費人群的三％，早期採用者大約占一三％，基數最大的早期多數消費者大約占三四％。早期多數消費者會針對新產品的使用與否進行謹慎的思

考，不過仍傾向於在一般大眾使用新產品之後才會跟進。晚期多數消費者也大約占人群的三四％，通常他們對於新產品都抱有懷疑的態度，只有當這些新產品在市場上推出一段時間，並且廠商將所有產品缺點都改進以後，他們才會產生購買意願。最後，大約占人群一六％的落後型消費者是一群固守傳統的人，不喜歡做出改變。

所以，一種創新產品被研製出來，通常會在很長一段時間內先被定高價，來滿足嘗鮮者的需求。那些嘗鮮者對價格的敏感程度也比較低，此時對企業也是高利潤期。其後隨著時間的推移，做這款產品的門檻逐步降低，往周圍滲透，產品開始降價，早期多數消費者、晚期多數消費者逐漸跟著購買，最後這種產品或者技術才得以普及。

這是過去做新技術產品的模式，我們可以看到一種產品普及的週期實際上是很漫長的。但到了移動互聯網時代，人們獲取資訊的途徑發生了根本改變，資訊的傳播不再是層層擴散，而是具有了瞬間擴散的能力。比如我們當年發布的一條介紹小米４的微博，最高紀錄是兩周內獲得了十四億的訪問量，這幾乎等於中國大部分的人都看了一遍我們的產品資訊。

技術手段改變了，資訊傳播的速度和方式也改變了。我們可以重新考慮資訊普及需要的時間邏輯。這個時代或許不再需要長期資訊擴散的紅利了，資訊的不對稱性是一種產品從暴利到平價需要漫長歷程的重要因素，而新的技術手段可以消除這種不對稱性，並且讓資訊從創新者，到早期採用者，到早期多數消費者，到晚期多數消費者，再到落後型消費者之間傳遞的速度猛烈地加快！

　　所以我們要迎合這個時代資訊傳播的新規律，要面對一項技術從發明到技術普及的高效率方式。因此定義產品要迅速做出決定，如果我們認為一種產品（技術）一定會普及，大眾確實有剛需，我們就可以直接以大眾的價格去推動它的普及，在這個產品（技術）爆發的前夜迅速占領市場。

　　打破傳統的創新擴散曲線後，我們又發現一件更為美妙的事情，就是科技對於用戶的普及。小米有句口號是「人人都可享受科技的樂趣」。我們始終堅信，每個人都值得擁有更好的生活，擁有更有趣的人生，享受更優秀的產品。

　　很多小眾的產品，比如酷玩類的無人機、平衡車，都非常有趣，能夠為人們生活增添樂趣。然而在新興的技術領域裡，這些有意思的產品長期處於小眾的狀態。當它不夠大眾的時候，實際上新技術也是很難繼續發展的。小米生態鏈希望自己可以像一個放大器，進入這些領域，大大降低產品的成本，把它們大眾化，推動這些產品（技術）的普及，讓更多的人能夠享受新科技帶來的樂趣。而只有產品大眾化了，這些領域才能真正實現質的變化和飛躍。

　　今天的小米，很幸運地擁有了一群信賴我們的用戶。小米是一家剛剛成立六年的年輕企業，我們不能說我們的能力已經可以持續成為技術以及生活方式普及的先驅者，但我們正在盡力地進行這種嘗試——讓國人能夠享受科技帶來的樂趣，能夠擁抱有價值的新的生活方式。

第六節　誠實定價

　　產品定義之中，絕對不能忽視的維度就是定價。即便是一款好產品，如果定價過高，銷量也會成問題。當你發現很多用戶在電商平臺把你的產品放入購物車內而沒有直接下單結帳，那就是定價過高的一個信號。

注重性價比是人的本性

　　我們在為產品定價的時候，發現了一個有趣的現象，就是當你把價格從兩百元降為九十九元的時候，用戶數量不是簡單地翻倍，而是呈五倍甚至十倍地成長，成長趨勢是短時間內急劇增加的。

　　雲米的陳小平特別細心，他觀察到，有一次粉絲活動結束後，有個領十元優惠券的環節，隊伍排得特別長，這也從另一面證明了目前的用戶群體對於價格是非常敏感的。

　　其實不只是小米的用戶群體，全世界的消費者都是非常講求性價比的。

　　我們老覺得中國消費者講求性價比，只是因為我們中國人口基數大，所以這個問題被突顯出來了。放眼全世界，你會發現全世界的消費者都是很講求性價比的，不僅發展中國家的消費者注重性價比，先進國家的消費者也很注重性價比，你可以看到在美國的超市里人們同樣是挑來挑去的，反覆比價。

　　追求性價比，這是人的本性，認識到這一點很重要。這樣的話，我們就不會覺得性價比是一個水準很低的商業策略，它是一

個很高級的商業策略。

低效率導致商品定倍率過高

在消費領域有一個術語叫定倍率，就是定價的倍數。比如一台手機生產成本為一千元，銷售價格為三千元，定倍率為三倍。人們買到的商品都是按定倍率來計算的。比如，一雙鞋子定倍率基本上是五到十倍，一件襯衫的定倍率基本上是十到十五倍。也就是說製作一件品質非常好的襯衫，成本在人民幣一百一十到一百二十元，就已經是高檔襯衫了。這樣的襯衫在市場上大概定價為人民幣一千五百元（約合新台幣六千七百元）。

很多商學院教授都告訴學生，毛利率越高的企業經營狀況越好，所以我們看到市場上商品的定倍率越來越高，人們在商場裡看到的東西都貴得離譜。

如此離譜的定倍率的背後，真實的原因是什麼？是我們整個工業界的流通效率非常低，一件商品從生產製造到消費者手中的中間環節過多，而且每個環節的成本都很高，每個環節都要給自己留下足夠多的利潤，被中間商層層剝削之後，導致消費者最終買到的每件商品價格都較高。

事實上，中國消費者的購買力是有限的，而且也非常注重性價比。那麼，如何將產品以消費者能承受的價格賣給他們，並且還能維持比較高的定倍率？很多企業採取的做法就是偷工減料、粗製濫造。

比如，一件便宜的襯衫，十五元成本就可以搞定，在市場上的售價高達三五百元。這是消費者很容易接受的價格，但消費者

往往不知道它的定倍率有十到二十倍。襯衫廠商怎麼粗製濫造、降低成本呢？比如一般的襯衫，要有一定的袖長、一定的下擺長度，但是十五元成本的襯衫怎麼做呢？他們就把袖子做短一點，把襯衣的下擺做短一點，其實也能穿，就是穿起來不舒服。比如，你坐地鐵的時候，手向上一伸衣服下擺就露出來了。

拒絕暴利，不賺快錢

定倍率過高，或者是廉價的劣質品，都會導致消費者對商家的不信任。信任問題是個大問題，沒有基本的信任，就談不上客戶忠誠度。我們要改變這種現狀。

實際上，我們在定價方面也摸索過，小米追求的是成本定價，但小米生態鏈米家系列產品遵循一個樸素的原則，就是誠實定價。所謂誠實定價，即首先保證產品品質做到最好，然後在成本的基礎上加上合理的利潤，拒絕暴利，不賺快錢。小米生態鏈上的七十七家公司都會在理念上認可一件事，那就是要做好產品，同時控制貪念，拒絕暴利。

有時候我們公司內部會開玩笑，說我們做的是賣白菜的生意，需要精打細算，不能像其他高利潤行業一樣，我們要放棄暴利心態。

需要再強調一點，誠實定價的前提是：必須先生產出高品質的產品。小米永遠不會為低價競爭而犧牲產品的品質。誠實定價是小米的理念。我們認為，你也許沒有很高的收入，但你有權利擁有高品質的生活。

對於小米的定價模式策略，目前社會上還有不少質疑的聲音。我們希望透過持續的努力和堅持，五年、十年、十五年之

後，有一天消費者只要進入小米的店裡，不用挑、不用看價錢，只要閉著眼睛買即可，這是我們追求的理想境界。

高效率是誠實定價的前提

其實我們也知道，外界一直都很好奇我們的定價模式。因為在外界看來，小米始終在提供價值遠遠超出價格的高品質產品。有些人問我們：這樣公司還能賺錢嗎？甚至也有人懷疑價格這麼低是不是有什麼其他問題？人們通常認為無商不奸。

我們的誠實定價，在一些行業外的人看來，似乎並不賺錢，所以他們對我們的模式產生各種質疑。前面我們講過，效率是小米的核心競爭力，用效率解決傳統商業的不合理環節，可以讓成本大大降低。

舉個例子，我們做的小米行動電源，在初期每賣一個產品要賠人民幣八元（約合新台幣三十六元）。如果按照當時的配置，其他企業做下來可能賠二十八元、三十八元都不止。當時市場上低品質電芯製造的行動電源都要一、兩百元，而我們採用最高端的進口電芯，定價卻只有六十九元。後來隨著我們的產品銷量越來越大，成為上游零部件的最大採購商，相對也就拿到了業內最優的供貨價格。之後透過我們與供應商的密切合作，保證平穩生產，我們很快就把成本進一步拉低。這一系列的行動使得小米行動電源在六十九元的價格檔位上，還能有微利的空間。其實到現在，行業裡其他企業也做不到我們這樣低的成本，除非它們犧牲產品品質。

如何做到高效率？其實效率隱藏於營運的每一個環節當中，比如我們理念一致，執行力和戰鬥力強，機制合理，流程合理，

產品定義精準，都可以提升效率，就看你用什麼手段把效率從每個環節中「摳」出來。

舉幾個簡單的例子。比如我們生態鏈的孵化模式，其實就是把小米的許多優勢資源拿出來共用，然後每個團隊發揮自己的特長，這種竹林效應就是一種高效率的成長模式。再比如，我們這支團隊，有著非常豐富的戰鬥經驗，也艱辛地走過許多崎嶇的道路，而我們走過的每個挑戰，所得到的經驗都可以分享給下一個生態鏈企業，避免它們再繞遠路。

大家都知道，創業的成功率很低，而硬體創業的成功率尤其低。但正是小米這種模式，將效率發揮到極致，可以幫助我們這幾十家企業在短時間內在各自的領域站穩腳跟，打下基本盤。

因為效率，我們可以做到誠實定價。

說實話，我們這群工程師做東西其實還是帶有一點理想主義，沒有那麼濃的商業味。我們希望自己做出來的產品首先得讓自己喜歡，然後能夠讓用戶也喜歡。當然，我們也不能不賺錢，不賺錢的公司怎麼能運作下去？

所以，我們的做法是先竭盡所能做出好的產品，再透過提升效率，做到成本相對較低，然後以一個良心價格賣給用戶。我們可以保證，我們的產品一定值得這個價錢，保證不騙人，用戶在米家一定能買到比平時購物更便宜且品質更好的產品。我們絕不會去走畸形管道、畸形價格體系的老路。

當然，這裡面要允許我們有一個合理的商業利潤。我們都知道，傳統的定價策略一般都是按照成本價的四到六倍定價，但小米的產品（包括手機、電視機等小米公司自有的產品）一般都是按成本定價。米家產品定位於更高品質的生活，追求的是誠實定

價，產品一般都是十％到三〇％的毛利率。現在，相信大家能夠理解為什麼我們比別家產品的價格低這麼多了吧。

我們在商業與用戶的滿意度中尋找平衡，我們可以獲益，用戶獲得了高品質的產品、誠實的價格，也可以獲益。只有各方利益統一，這個模式才能長久——這就是誠實定價的意義所在。

選擇一流的供應商反而便宜

我們的空氣淨化器2上市的時候，一度有人質疑人民幣六百九十九元（約合新台幣三千一百元）的價格不能覆蓋全部成本，認為我們在賠本賣。

如果你了解小米淨化器的配置，就不難理解為什麼會有這種疑問了。空氣淨化器的核心零部件是濾芯、風機和感測器，這幾樣零部件的成本最高。小米空氣淨化器選用了與美國前三大空氣淨化器品牌相同的濾芯供應商，生產的一體式360°桶形濾芯，可以三層淨化。其中，第二層為日本東麗生產的高效過濾器。另外，電機定制的是全球最大直流無刷電機品牌日本Nidec（日本電產株式會社）的產品，功耗可以降低五八％；同時採用了日本神榮公司的感測器來進行空氣品質檢測，而採用瑞士盛思銳感測器來檢測溫濕度。除了核心零部件外，小米空氣淨化器2的配件也出身名門，比如三星或LG（韓國大型國際性企業集團）的塑膠件，豪利時的電源線等，甚至螺絲等一些小零部件，也是採購自蘋果的供應商。

如此豪華的配置，人民幣六百九十九元的定價不會賠錢嗎？

這裡有一個很大的誤解，很多企業都認為一流的供應商價格一定很貴，其實不然。

　　大家可能會覺得這個結論不對，超一流的供應商設備好，員工薪資高，處於製造業的頂端，也一定會追求高利潤，如何解決成本問題呢？其實這就是小米生態鏈的優勢。我們用兩個方法來解決這個問題：

　　第一，用大量、穩定的訂單幫助超一流的廠商提高效率，降低其人員設備的分攤費用。供應商最怕的不是沒有訂單，而是數量不穩定的訂單。這個月生產一百萬個產品，需要招募工人，安排生產。下個月沒有訂單，工人怎麼辦？我們的訂單不僅總量大，而且盡量保持平穩，避免了大起大落。

　　第二，用長期的、全方位的合作來降低供應商對一款產品的毛利率的要求。雖然這一款產品的毛利率降低了，但是我們整個生態鏈有全系列的產品跟你合作，你全年利潤的總額就可以最大化。

講真

價格不超過一頓飯錢的小米智慧硬體

孫鵬　小米生態鏈產品總監

　　大家如果去小米網的智慧硬體專區，可以看到很多設備的價格在人民幣一百元左右（約合新台幣四百五十元）。銷量最多的路由器是一百二十九元和七十九元的，攝影機一百二十九元，體重計九十九元，手環六十九元，插座五十九元，以後還會有更多這類價格的產品。前段時間在小米智慧家庭裡面眾籌的網路收音機，其實是一個WiFi音箱，定價為九十九元。

　　其實定這個價格是有原因的。人民幣一百元左右價格區域的產品，特別適合小米來做。為什麼呢？這和商品的基本屬性有關係，聽我細細道來。

　　（1）管道費用。管道費用並不是按照比例來收的，越是價格低的產品，管道費用比例越高，因為單價低。小米的直銷模式，盡可能地去掉了管道費用，這樣才能做到以接近成本價進行銷售，性價比可以達到最高。由於小米的強勢品牌地位，小米的產品即使放到其他電商平臺銷售，需要付的管道費用也比其他品牌低得多。當然有的電商平臺直接採購然後加價銷售，那就不在小米可以控制的範圍內了。

　　（2）品質控制。現在硬體的生產領域，代工體系非常健全，品質控制其實並沒有秘密，就是看你捨得花多少錢。單價低的產品，如果銷量很低，分攤的模具費用比例會很高，所以很多廠商不捨得花錢做高精度的模具。小米的優勢是做爆款產品，分攤的模具費用就很少了。這個銷量門檻大概是一百萬，對於小米來說不難，但是對於那些產品庫存量大、單款銷量很低的廠商來說就難了。

　　（3）智慧化的成本。現在所謂的智慧硬體，一般都是指基於藍牙或者WiFi連接的設備。藍牙的成本已經比較低了，如果功耗要求不高的話成本不到一美元（約合新台幣三十元）。WiFi的成本比起藍牙要高很多。小米的優勢是可以集中採購，甚至找晶片廠商定制，進而降低成本。開始的時候WiFi模組的成本在人民幣二十多元，二〇一六年可做到十五元，二〇一七年可以做到十元以內。這樣一百元左右的產品才有可能普及WiFi連接功能。

　　智慧硬體的定價，是否可以做到不超過一頓飯的價錢？北京小米之家樓上五彩城購物中心的餐廳，人均消費在人民幣一百元左右的有很多家，估計超過整個區域內三分之一的餐廳。這也是產品暢銷的原因之一。

講真

我為什麼偏愛一流供應商

張峰　紫米創始人

　　根據多年與供應商合作的經驗，我認為：超一流的供應商是最便宜的。

　　第一，超一流的供應商有巨大的採購量，材料的採購成本相對更低。

　　第二，超一流的供應商有先進的產品，先進的技術，所以產品的良品率高，浪費少。

　　第三，超一流的供應商生產優化好，相對成本低，效率更高，別人需要二十個人做，它可能時個人就可以完成。

　　第四，超一流的供應商信用度很高，財務成本較低，銀行提供貸款或是其他的服務，成本也是低的。

第七節 跳出產品看產品

最高境界的精準定義產品，是將企業的商業模式、戰略，巧妙地寓於產品之中，這就是我們所說的要跳出產品本身來看產品。

小米生態鏈這幾年打造了不少爆款產品，但我們想說，爆品並不是我們追求的終極境界，爆品只是進入一個行業的敲門磚。

戰略寓於產品之中

定義產品的時候，我們要有戰略上的考量，產品是實現戰略的最佳工具。

首先，我們要透過產品找到自身在行業中的位置。毫無疑問，每一家小米生態鏈企業都要致力爭取以獲得本品類市場占有率前兩名的位置。而要想做到業界的前兩名，我們就要反過來思考我們要做什麼水準的產品，我們能否透過把產品做到最優解而取得近乎壟斷的地位？或者我們能否透過解決產業共同的問題而占領行業制高點？

納恩博在收購了全球平衡車鼻祖Segway之後，擁有了九九％的自平衡類核心專利，這使得它的市場競爭力具有絕對優勢。我們在推出九號平衡車的時候，如果定價人民幣兩千九百九十九元或是兩千四百九十九元，就可以有一點兒利潤。但我們選擇定價人民幣一千九百九十九元（約合新台幣九千元），這是一個接近把自己「逼瘋」的價格，為什麼？

雖然我們的專利是受保護的，但如果真的打起專利官司來，會需要很長的時間。如果我們定價兩千九百九十九元，其他企業

還是可以仿冒，甚至不惜冒著侵權的風險仿冒。專利是我們長期競爭的武器，短期之內還是要靠市場手段。一千九百九十九元的零售價格一出，就可以達到獨步天下的狀態，其他品牌的產品根本無法與我們競爭。我們內部稱為「淨空」，這種方式使得我們在產品投放的市場中不會受到太多干擾，接下來就可以專心做其他布局。

再者，如果把目光從單個產品擴展到後續可能出現的衍生品上，就要考慮產品的可延展性。看看能否透過海量的產品銷售帶動周邊產品和服務的銷售，或者是產品與用戶可以「強連接」，進而衍生出新的商業模式。

比如樂高積木，產品銷售出去，只是與用戶發生連接的開始，成千上萬的樂高迷建立起自己的線上社區，同時會自發地組織各種線下交流活動。因為有了這種近乎壟斷性的地位以及與用戶的持續性交流，就出現了觸發一連串新商業機會的可能。

再比如吉列刮鬍刀和惠普印表機，這兩個品類都是經典的商業案例。它們都是一個品類的殺手，但主產品並不「賺錢」，真正讓企業獲得高利潤的是用戶在購買主產品之後源源不絕的耗材購買需求。

小米行動電源也是這樣一個典型的例子。在開發行動電源的時候，全公司「All in」（完全投入），就是要把這樣的一款小產品做到極致。儘管我們前期的投入非常大，可一旦找到產品的最優解，定出一個別人根本達不到的市場價格，這款產品就深深地扎根在市場裡了。

這種做法有兩個好處：一是競爭對手覺得根本無法超越，無論是品質還是價格，索性就繞著你走；二是沒有競爭對手干擾，

產品可以做到極致，我們也不需要反覆更換方案，可以騰出時間和空間，去攻周邊產品，把周邊產品的競爭力迅速做起來。

小米行動電源初期是賠錢的，後來產量達到一千萬個之後，成本下降，基本上有了微薄的利潤，但也幾乎是不賺錢的。那麼，一個產品不賺錢怎麼能夠長遠發展？我們採用了一個「小費模式」。

在小米行動電源的基礎上，我們設計了配套的保護套，設計了能夠插在行動電源上的LED燈和小電扇，這些小產品非常精緻、有趣，很多買了行動電源的用戶都樂於順手再買幾個這樣的小東西，這就是用戶給我們的「小費」。

行動電源本身利潤極低，而這些附加的小產品是有一個比較合理的利潤空間的。我們每個月賣出幾百萬個行動電源，總能順便賣掉幾十萬個小配件，每個只賺幾塊錢，也有幾百萬的利潤。

保持低毛利，就是我們價值觀之一。不貪暴利、不賺快錢，做一家低毛利的公司，保持戰鬥力。

我們可以把行動電源稱為「戰略型產品」，它和一般意義上的爆品不太一樣，具有更強的「連線性」和「衍生性」。

生態的源頭：元產品

我們認為產品的最高境界是元產品。元產品有點哲學和智慧的意味。老子說過：道生一，一生二，二生三，三生萬物[49]。元產品就是這個「一」。

---

[49] 指「道」創生萬物的過程。二是陰陽，三是陰陽配合，萬物是萬事萬物。所有有形的萬物，都是由「一」衍生出來的。

　　我們總是在說生態，生態不是憑空而來的，要有這個「一」，在「一」的周圍慢慢生長出新的產品、新的商業模式。元產品的一側能聚集海量用戶，另一側能吸引眾多的產品和服務。從一種元產品開始，企業能夠形成生生不息的生態系統，就能實現「一生二，二生三，三生萬物」了。

　　蘋果手機就是最典型的元產品。在做手機之前，蘋果做過筆記型電腦，也做過iPod，但那些只能算是爆品，直到iPhone手機出現，蘋果的生態鏈才開始繁衍出來。

　　為什麼諾基亞可以在一日之內倒下，而蘋果就不會？就是因為諾基亞手機產品的周邊沒有生態，沒有新陳代謝。手機市場真的很有趣，巨頭們各領風騷三五年，現在更迭的速度更快，一兩年就會換一個新霸主。即使大家都在質疑蘋果持續創新的能力，但沒有人可以動搖蘋果的市場地位。反觀很多中國手機廠商，賣的只是手機，而沒有在手機周圍形成生態。

　　元產品一般會形成三個正反饋回路，這三個正反饋回路促進了生態的成形。

　　第一個正反饋回路：用戶和用戶的相互增強。第一批用戶的評價很高，產生了非常好的口碑效應，繼而帶來更多新的用戶。只要一個用戶平均推薦多於一人，就會形成用戶群的指數型成長趨勢。

　　第二個正反饋回路：產品與產品的相互增強。一個產品賣得很好，取得了商業上的成功，也會吸引更多產品和服務不斷入駐，口碑在產品和服務中也會呈指數型趨勢放大。

　　第三個正反饋回路：用戶越多，產品離用戶越近，越能累積用戶的數據和資訊，也就越容易挖掘、發現用戶的新需求。這種

新需求可以吸引更多的產品和服務，為用戶提供更豐富、更完整的體驗，進而吸引更多的用戶群體。

　　在小米的生態裡，小米手機就是元產品。小米手機聚集了第一批用戶，慢慢向這些用戶提供更多、更豐富的產品以及服務，包括MIUI、遊戲、雲服務、生態鏈的智慧硬體產品等。小米的生態鏈上，已經擁有二十九個用戶過億的App，小米網上的硬體產品已經超過百款新的產品和服務持續不斷地為小米帶來新增用戶群，這就形成了正反饋回路。從一生二，二生三，三生萬物來看，小米的生態體系儘管還不夠大，但已經有了基本形態。

第三章

追求設計的最優解

做設計，要講道理。我們的設計中，有七〇％的理性，
三〇％的感性。

今天，小米和小米生態鏈旗下的產品，已有幾百款。這幾百
款產品在設計的核心理念上一脈相承，於是在不同的產品形態上
才能有著調性的完美統一。

那麼我們到底在本著什麼樣的本原邏輯做設計？

我們認為，做設計，最本質的，在於判斷若干年後一款產
品，它的終極模樣是什麼，然後以此為方向，不斷向著終結一切
設計的最優解邁進。

比如手機，若干年後它的終極模樣會是什麼樣的？它很可能
正面完全就是一個螢幕，它也有可能所有的鍵都在觸控狀態，它
還有可能所有的孔都消失了。它就是一個有一定厚度的玻璃片，
也許這是手機的終極狀態。

所以當你知道了手機的終極狀態，或至少模糊地知道手機終
極狀態的時候，你每一次做手機的設計，都會盡可能向這個終極
狀態走近一步。這就是為什麼我們的小米 MIX 手機出來的時候
大家那麼關心，因為它不像其他手機產品那樣在盤旋著繞遠路，

今天做金屬殼，明天做塑膠殼，後天做雙曲面，這些其實都不是最直接的路。MIX的正面，是九一‧三％的螢幕占比，實際上它是向手機的終極狀態走近了一步。

這是設計上非常有趣的一個基調，一旦知道這個以後，你在設計的過程中，在手機研發迭代推廣的過程中，就不會再徘徊，以後每一次都向這個終極目標走近一步，這是今天指導我們在研發和設計推進時最好的一個本原邏輯。在這個世界上我們做任何事，如果理論基礎未融會貫通，就很可能會迷失在路上，我們做設計就是要每一代都向終極目標走近一步，向產品的最優解走近一步。

在本原邏輯「追求設計的最優解」的指導下，小米生態鏈這三年，我們也在不斷地總結和摸索出設計的一些指導原則。本章，我們會將這些摸索出來的經驗分享給大家。

第一節　合理性的最大化

熟悉小米產品的人應該都會發現，小米生態鏈企業的產品風格之一，就是從來都不會有特別怪異或者違背硬體設計原則的造型語言。我們設計的第一原則就是合理性的最大化。

設計要「講理」

小米生態鏈的主要產品都是智慧硬體，有著長期消費電子產品經驗的我們深知，硬體設計的合理性與後期的生產製造、產品

美感和用戶體驗都息息相關。我們在做產品設計的時候，很自然就會想到不能違背硬體的設計原則，同時會考慮，設計能否幫助後面的環節提高效率。

李寧寧，ID設計團隊的總監，一直和自己的團隊強調，設計要「講理」：為什麼是這個造型？為什麼電子器件要這樣堆放？為什麼是這個顏色而不是其他？我們相當理性。硬體的設計，絕對不能像純藝術品那樣，只考慮造型的美感，不考慮生產、使用等因素。所以，我們的設計中，有七○％的理性，三○％的感性。

設計的合理性，首先要求造型要與技術相匹配。

米家LED智慧檯燈的立杆是一個圓柱形，但是在燈臂部分我們設計成略扁的跑道形拉伸體。很多人會問，為什麼燈臂部分

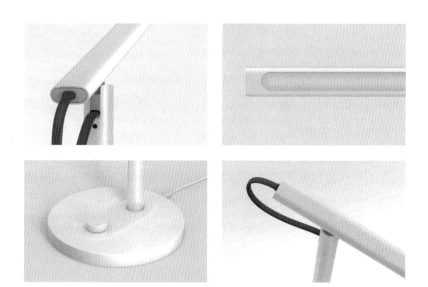

燈臂為略扁的跑道形拉伸體的米家LED檯燈

不延續圓柱形？

　　因為如果是圓的，透鏡部分就會有一段弧面，燈光打出來就會直射到用戶的眼睛，產生眩光。我們設計的燈臂不僅是扁平的，在透鏡部分還微微向內推進去一點，這樣燈光就完全不會直射到眼睛，可以保護用戶的眼睛。

　　大家在市場上可以看到很多檯燈的燈面都是圓弧形，甚至一些所謂的護眼檯燈產品都是這樣的設計，其實這樣是做不到真正護眼的。米家智慧檯燈的設計展現了我們的設計美學與技術相匹配的原則。

　　在設計的時候，ID設計團隊更希望產品的造型更美觀，而工程師考慮的是功能性更好，造型與技術之間是需要取得平衡的。比如掃地機器人，如果只從ID設計美觀的角度考慮，一定是弧面的外形最漂亮。但我們在對市場上大量的機器進行研究時發現，弧面的設計導致機器很容易被卡住：在進入一些低矮的空間時，掃地機是一點點進去，能進去，但是不好拔出來，經常需要人為地把它抬出來。為此，我們忍痛放棄更漂亮的弧面設計，轉而在平面設計上用盡心思，儘量在技術合理的前提下把產品做得漂亮一些。

　　但是在做細節設計的時候，再次遇到了問題：機器表面有一個蓋子，會把塵盒蓋住。工程師擔心它的可靠性不好，一再要求把蓋子改小。但改小的話，表面就會多出一個線條，顯得不夠簡潔。這個問題僵持了很久都沒有被解決，工程師一直嘗試用各種方法提高可靠性，比如加磁鐵或是按壓開關，但都沒有辦法。最後我們還是在表面，保留了一個線條。說實話，從ID設計團隊的感受來看，並不完美，但合理性就是需要做出平衡。

其次，設計的合理性還要求可靠性與美學相匹配。

同樣是米家LED智慧檯燈，可能也存在一個大家都沒有注意到的細節，在立杆與燈臂的連接處，有一個看上去非常精細、小巧的轉軸。如果大家去商場裡轉轉就會發現，很多檯燈的轉軸都是又粗又笨，並且很難穩定住，搖搖晃晃。我們這個轉軸的設計，確實費了很多心思，我們選用的是筆記型電腦用的軸，裡面有十幾個元件環扣在一起。你會覺得筆記型電腦的連接軸笨拙嗎？當然不會，這個燈要的就是這個效果。產品做出來之後，可以看到這個轉軸非常精巧，而且像筆記型電腦一樣，你可以將燈臂停留在任意一個角度，絕對不會晃動。

以前在燈具行業裡，最好的燈只要求這種轉軸的壽命在兩千次或是三千次，而我們要求這個轉軸使用壽命必須在一萬次以上，是業界標準的好幾倍。

最後，對於設計的合理性，我們還要求設計要與使用場景相匹配。

小米和米家的很多產品，我們的設計都是以白色霧面為主，因為使用頂尖的材料，會令這種白色霧面非常有質感。但細心的用戶一定發現了，米家的第一款產品——電子鍋，是做成了白色亮面，沒有採用霧面的設計。

從設計師的角度來說，我們超喜歡霧面那種很文藝、小清新的感覺。但有一個我們不得不面對的現實，中國家庭廚房是重油環境，我們沒有辦法做成霧面，因為用戶清理起來會很不方便。所以從使用場景的合理性來考慮，我們選擇了亮面的設計。

相由心生

　　當然，在合理性的基礎上，我們還要追求產品的美感。什麼樣的產品會讓使用者覺得美？相由心生。技術美學是「相」，硬體合理性是「心」。設計要符合硬體產品的合理性，並把這種合理性用技術美學的方式展現出來。這就是小米追求的合理性最大化。

　　米家LED智慧燈發布之後，為我們贏得了非常好的口碑，幾乎達到了九九％以上的好評率，其中美觀的外形設計功不可沒。為了讓用戶可以過目不忘，看到就會興奮得尖叫，我們把燈臂做得又細又薄，在國家安全標準的範圍內，我們做到了極限，不可能再薄了。

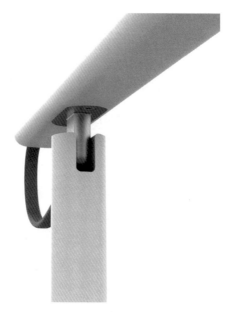

轉軸與筆記型電腦連接軸媲美的米家LED檯燈

　　這款LED燈，是市場上第一款把LED做到如此纖薄的產品，挑戰了產品的設計極限，也刺激了用戶感官，讓用戶一看到，就會感覺「這東西太厲害了」。就好像用戶都會追求手機的輕薄，當他們看到兩台手機一個薄一個厚，自然會覺得薄的那個更美觀，生產工藝更好。

　　在小米無人機上市之前，市面上幾乎所有無人機的雲台都是方的，連這個行業的老大──大疆，也是採用方形雲台。我們在設計無人機的時候，總覺得方形不好看，無人機升到空中後，雲台轉動起來，從不同角度看到的形狀不一樣。於是我們大膽且冒險地設計了圓形雲台。

　　這個想法雖好，但是實現起來其實非常難，需要我們的團隊成員有很強的結構開發能力。這個雲台的設計過程頗費周折，也花費了設計團隊大量的時間和精力。但產品做出來之後，整個行業都認為這是最合理、最美觀的設計。無論雲台怎麼轉，使用者從任何方向看到的都是圓的，感受都是一致的。而且，圓形的設計比方形更符合流體力學，使得無人機的穩定性也有所提高。

　　在無人機和LED燈的設計上，展現出我們的產品在追求合理性的同時還要呈現出技術美學，也就是在設計中要講究相由心生。

被逼出最優解

　　有時候為了追求設計的合理性，我們也會陷入瓶頸。小米無人機在二〇一四年就開始進行設計，但我們當時遇到一個巨大的阻礙：作為行業的領跑者，大疆無人機的設計採用的是十字交叉形，這個設計是非常符合「合理性」的一種基礎架構。中心對

稱，十字交叉，可以做到每個翼都相對更短，短就意味著輕，而配重正是無人機設計中一個決定性的因素。

客觀上講，大疆的設計幾乎做到了最優解，我們非常佩服。但擺在我們面前的困難也很明顯，因為大疆申請了很多專利，我們不想冒侵犯專利的風險。但如果我們不用這種設計，在它已經接近最優解之後，我們真的很難再找出一個更佳的方案來。

其實，在最優解面前，往往就會遇到這樣的困難。所以也不難理解，為什麼在手機領域，這五、六年來專利官司始終不斷，很多公司在這上面吃了大虧，甚至一蹶不振。在錘子科技最新一代手機發布時，羅永浩甚至自嘲，這是一款與蘋果長得很像的手機。

為了避開大疆的設計專利，規避風險，我們無人機的ID設計整整用了兩年時間，廢掉了兩代模具。要知道一套模具就是人民幣幾百萬哪，損失的確不少。

雖然我們喪失了一些市場機會，比原定計畫晚了一年多才進入無人機市場，但從最後的結果來看，達到了兩個效果：一是完美地避開了大疆的專利，迫使我們設計出了新的最優解；二是我們設計的完整度非常高，遙控器、手柄都是內部集成，手機支架部分也是可以伸縮的，這使得生產效率更高，產品看上去也更簡潔、一體化。

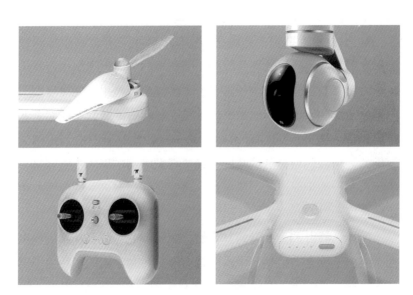

小米無人機

講真

設計邏輯完全不一樣

李寧寧　小米生態鏈 ID 總監

小米走極簡，MUJI（無印良品）也很極簡。如果仔細觀察這兩個公司產品線的語言，你會發現其實這兩個產品線的極簡模式是不一樣的。MUJI 的設計，包括電器的極簡，我覺得更溫潤，更低調一些，它更符合日本人的日系審美。MUJI 並不追求高科技，你會發現它的電子鍋是利用第一代技術的電腦盤加熱的，不要談壓力 IH 了，它連 IH 都不是。

MUJI 電熱水壺裡的內膽是塑膠的。我個人非常喜歡那個電加熱水壺，我是願意為那個設計溢價買單的人。但那個水壺我沒有買，因為我認為不安全。其實，中國消費者幾乎不能接受塑膠內膽的電加熱水壺，所以米家設計電加熱水壺的時候，裡面全都是不銹鋼內膽的。MUJI 產品的容量，一般都是針對一到兩個人使用的，但我們做設計的時候，就要考慮中國市場的主流容量，中國人還習慣用保溫瓶，燒完這一壺要正好能灌滿一個保溫瓶才比較合理。

所以，設計和產品定義其實是休戚相關的，我們在做這些東西的時候，要全方位地為中國消費者考慮，為中國的用戶使用場景，考慮一些定制化的東西。雖然有人說我們是抄 MUJI 的，可是仔細想想，我們背後很多產品的設計邏輯完全不一樣。

小米思考的都是中國人的產品使用方式。無論是水壺容積、還是使用環境的不同，都有差異化的地方。

第二節　極簡，少即是多

　　走進小米之家，你會看到兩百五十平方公尺的店裡陳列著上百種不同的產品，它們仿佛有著同樣的基因，外表看上去那麼統一、協調。品類繁多，卻不凌亂。沒錯，一看就知道它們是「一家人」，它們的基因就是「極簡」。在合理性之下，我們設計產品的另一個重要原則就是極簡。

極簡是硬體設計大趨勢

　　極簡的第一個原因就是普及。

　　我們做產品定義的時候，選擇的是八○％的大眾用戶群體，設計首先要考慮的因素是能夠被大多數人所接受。有些極為獨特的功能或是造型，我們的設計師可能會喜歡，但我們會權衡，是八○％的大眾群體還是二○％的小眾群體會喜愛它？如果是二○％的小眾群體的偏愛，設計師們就會咬牙捨棄。

　　極簡的第二個原因是為了保證後期的生產效率。我們在設計的初期就要考慮生產線上的難易程度，我們不能為了追求一些特殊的效果，給後期的生產造成很大的困難。

　　極簡並不是小米獨有的特色，硬體極簡化正在成為新的潮流，減少一些刻意的雕飾，砍掉古怪的造型，對生產製造的良品率和成本控制都是非常有利的。

　　極簡的第三個原因是為了風格的協調統一。未來我們生態鏈上的產品會不斷豐富，一個一個進入用戶的家庭中去。我們會比較有耐心，讓每一件產品都不那麼出眾。當進入家庭的米家產品

越來越多時，使用者會感覺到這種統一、簡潔設計的好處。如果
每一個產品都極具個性，這個家庭的風格就會凌亂。

　　很多消費者走進家電賣場，會看到各種電子鍋極其誇張的造
型。不可否認，這與銷售模式有關，絕大多數產品是在線下的大
賣場裡銷售，並且與其他廠商的電子鍋擺放在一起。只有造型突
出、顏色亮眼，才容易吸引使用者的目光，不是嗎？但當使用者
把這個產品搬回家、搬進廚房後，恐怕就會感覺不那麼搭了！

小巧簡潔，融入家庭廚房環境的米家電子鍋

　　而米家電子鍋的外觀設計就極為簡單，簡單到如果放到家電賣場裡，跟其他電子鍋擺在一起都很難引起人們的注意。在這款電子鍋的設計上，我們用接近手機堆疊電子元器件的方式去堆疊家電產品的元器件，因而把電子鍋做到體積很小，既不會占用廚房檯面上太多的空間，也非常方便收納。一個小巧的、白色的電子鍋，就那樣安靜地躲在廚房的角落裡，根本不會引起使用者的任何不適。

我們認為，小，也是一種極簡風格。所以，在米家的一些家電類產品裡，我們都會採用3C的標準去設計產品，做到更小、更美、更實用。

極簡的第四個原因就是為了方便使用者，仍以電子鍋為例。我們看到市場上的電子鍋，操作介面都非常繁瑣，不大的鍋蓋上布滿各種按鈕，使用者拿回家要對著說明書研究好久。年輕人還好，摸索一段時間就可以上手了，但老年人面對著天書一般的說明書就會覺得格外吃力。

其實，電子鍋的核心功能就是煮米飯，我們直接預設的功能表就是煮米飯，如果需要更複雜的操作，在手機裡下載一個App，按照App的指引很容易進行操作，完全不需要說明書。

為了追求極簡風格，我們甚至在螢幕的處理上都儘量淡化使用者的感知。平時不通電的時候，那塊螢幕與鍋蓋的顏色渾然一體，根本感覺不到。只有在做飯的時候，這塊螢幕才會亮起，顯示操作功能表。

當然，還有第五個原因，就是美學。少即是多的理念在設計界流行已久，最早是由建築大師路德維希‧密斯‧凡德羅（Ludwig Mies van der Rohe）提出的：「Less is more」（少即是多）少並不是沒有設計，空洞無物，而是設計領域的一種新主張，是各個細節精簡到不能再精簡的絕對境界，這樣的產品出來之後，反而可以給觀者感受到高貴、雅致的美感。

這裡還要再說一下我們的延長線。小米延長線外觀非常簡單，看上去就是均勻分配的插孔和凸顯質感的白色主體，而就是這樣的簡潔設計，使得這款延長線可以像藝術品一樣擺在桌面上。

可做可不做的，一定不做

　　掃地機器人是一個被「做爛了」的領域。掃地機器人在市場上已經存在好幾年，但普及率並不是很高，就是因為用戶體驗非常不好。許多家庭抱著極大的希望買回一個掃地機器人，用了兩三次之後，就讓它躺在牆角，再也不願意用了。正如我們前面講到的，這個產品有兩個門檻：一是用戶體驗不好，二是價格過高。

　　產品經理出身的昌敬，與夏勇峰對產品定義方面的思路非常一致：可做可不做的東西，一定不做。一種產品要做到極致，一定要做少，不能做多。

　　舉個例子，幾乎所有的國產掃地機器人都有一個拖地的功能，就是在機器的後面加一塊拖布。我們認為那只是一個噱頭。我們都知道，拖地是需要在地上用力蹭，才能達到清潔效果。現在的機器人都是在後面加一塊布，機器人的重心都在前面（因為電池都在前面），這塊布在後面重力較小，就是在地面上輕輕滑過，把地面打濕，根本發揮不了拖地的作用。

　　沒用過掃地機器人的使用者，都覺得買一個機器人可以掃地又可以擦地，一機兩用，多划算啊！但買回去後發現，根本不好用，而且還多了一個麻煩：就是得經常清洗抹布。

　　這種功能，完全是按照消費者的心理感受去設計的，設計的初衷不是產品本身，而是消費者更容易被什麼誘導消費。掃地機器人這個品類裡，存在很多噱頭，比如殺菌，在機器上裝個UV（紫外線）燈，說能殺菌，效果怎麼樣想想都知道。有的機器人裝個攝影機，說可以攝影；有的裝個燈，說可以生成負氧離子；甚至有的掃地機器人說可以淨化空氣……。

　　當我們決定做掃地機器人的時候，產品定義非常明確：凡是與把地掃好的功能有關的我們就做，與掃地無關的，我們一律不做。

　　我們定義產品的時候，就集中在四個特性：

　　第一，清掃能力強，機器掃過的地方，一次性清掃乾淨；

　　第二，覆蓋面要廣，致力要把使用者家裡的每一個角落都掃到；

　　第三，掃得快，效率要高；

　　第四，用起來要容易，老人孩子都可以輕鬆操作。

　　這四項功能，目的就一個：做出一個掃地掃得非常好的機器人。只有做好這四個特性，才能改變掃地機器人被閒置在角落裡的命運。

　　掃得乾淨，這個要求看上去是不是太簡單了？事實上，以前用過掃地機器人的使用者，大多感到非常失望。為什麼連最基本的要求掃地機器人都做不到？因為影響它的因素太多，設計起來非常複雜。

　　掃得乾淨主要是依靠清潔系統。它是由風機、風道和主刷組成的。刷子的形狀和刷毛的粗細，風道開口的大小，這些都會影響清掃的效果。最難的是風道的設計，影響因素太多，完全靠理論計算是算不出來的。風道如果設計得不夠好，不僅影響吸力，還會帶來噪音。

　　那麼該怎麼辦？我們採取了基於一定理論的窮舉法[50]，打了一百多組樣，才找到理想的模型。這些工作，不僅需要時間，也

---

[50] 一種密碼分析的方法，即將密碼進行逐個推算直到找出真正的密碼為止。

需要錢！這個過程其實是一件很痛苦的事情，你要一個個去試。我們嘗試過以後，才明白為什麼以前那些公司，都不去認真地解決這個基本的問題。

覆蓋面要廣，這主要是軟體的問題。以前市場上的機器，多是碰撞式的，掃起地來沒有規劃，有些地方反覆清掃，而有些地方就是掃不到。於是，我們採用了軟體規劃路徑的演算法。以前，行業內很少有企業這麼做，因為太難了。比起硬體的設計，這個軟體的設計我們整整做了二十六個月，把機器人放到各種複雜的家庭環境中去模擬，不斷測試，不斷調整。

我們對於清掃效率有兩個要求：一是行進速度要和清潔度達成一個平衡，不能反覆清掃，一次經過的情況下，要清掃到最乾淨。二是機器人在掃地的過程中，會有很多動作的切換，我們要把這些動作調整測試得如行雲流水般順暢，不要有停頓卡住的情形。動作的不連貫，往往會影響效率。我們看到以前其他品牌的機器人，經常是走到一個地方在那裡停下來調整半天，才能開始下一個動作。我們在軟體上做了很多設計，讓機器人走到一個地方，不用思考就可以繼續進行調整了。

以前很多國產機器人在使用過程中經常卡住或是出現故障，離不開人的「幫助」，這也是使用者不喜歡這類產品的主要原因：買機器人，就是圖個輕鬆省力，結果使用起來反而更麻煩了。我們定義這款產品的時候，出發點就是盡可能不讓使用者干預，讓使用者用起來不費心。

最理想的狀態是：這個機器人放在家裡，你完全感覺不到它的存在。你出門上班了，它出來工作。等你下班回家了，看到一個乾乾淨淨的家。

　　當然，我們現在還不能完全實現用戶零干預，每週還是需要使用者給機器人倒一次垃圾。其他的功能，基本上都已經實現了。

　　如果一個機器人，真的做到了上面這四項功能，是不是才能稱得上掃地機器人？殺菌、淨化、負氧離子，與它何干？去掉那些無厘頭的噱頭吧！

極簡也是人生理念

　　硬體的極簡化其實是一種趨勢，比如手機的多個按鍵用一個Home鍵代替。從硬體量產的角度來看，我們會更願意去除一些多餘裝飾，這樣的話，我們就不必花費更多成本在裝飾方面，這對我們的產品良品率、成本控制都是有利的。所以從各方面來考量，它都會形成現在你們看到的極簡的產品設計風格。

　　其實，少即是多已經不局限於設計的範疇，而是成為一種人生理念。日本人從一本《斷捨離》開始，提倡回歸生活的本真[51]，追求極簡。在《斷捨離》之後，日本作家本田直之出版的《少即是多》（*LESS IS MORE*，繁體版書名為《北歐式的自由生活提案》），更是引起巨大的迴響，一種新的樸素的生活理念，從日本向全球蔓延。這本書裡有幾句話，我們非常贊同，也幫助我們在設計上，做到更貼近現在的消費潮流：

　　1. 從物質中獲得幸福的時代，已經結束了；

---

[51] 本真（Authenticity），或譯真誠性，是存在主義哲學中的術語，指人在外界的壓力和干擾下，忠於自己的個性、精神和品格的特質。

2. 不被常識束縛，感受幸福需要自由；

3. 從加法時代來到減法時代；

4. 降低滿足「門檻」，只選擇自己需要的東西；

5. 生活在多元化時代，不必被他人的價值觀所左右；

6. 比起金錢，更重要的是精神層面的充實感；

7. 找到對自己來說最為重要的東西。

當你們讀到這些觀點的時候，是不是非常認同？

米家產品整體風格調性的生成，當然與「槽王」李寧寧分不開。她每年都會去一次日本，逐漸發現日本社會發展到一定程度後，人們根本不需要靠物質來標榜自己，所以極簡設計更是一種精神層面的追求。而在中國社會，全民正在向理性消費過程轉變，因而《斷捨離》、《少即是多》裡面的觀點正在被中國消費者廣泛接受。

極簡，要有度

極簡，會引發另一個問題，簡到什麼程度合適？

有一次，小米網做了一張海報，把大部分產品放在一起。看到那張海報時，李寧寧愣了一下，這些是自己的作品嗎？

每一件產品從我們手裡出去的時候，每件都像藝術品，但是最後全部擺放在一起的時候，為什麼會感覺有些強硬，甚至會覺得有一點點侵略性？李寧寧這次將槍口對準自己開始「吐槽」：設計語言要改得更柔和一點，抹掉棱角部分。當我們全速往前跑的時候，可能根本不關心這些。但有時需要停下來看一看，設計風格不應該一成不變，現在是時候稍微增加一點親和力了。

　　還有一個故事要和大家分享。在定義小米手環一代的時候，關於是否保留電子螢幕，我們內部兩位「老大」有很大的意見分歧。教主（夏勇峰）是一個極簡主義者，堅決反對在手環上加一塊螢幕。皮總（孫鵬）則認定，看時間是用戶的剛需，沒有螢幕就無法滿足這個剛需。兩個人反覆爭論，僵持不下。

　　最後教主拍案而起：「要是加這塊螢幕，我就不幹了。」恰好，那天皮總心情很好，抬頭看了看教主，淡然一笑：「那好吧！」

　　後來我們在重新檢視時，也無法判斷加螢幕更好還是不加螢幕更好，誰也無法確定加了螢幕就一定賣不動。但恰好那天皮總心情好，小米手環就做成沒有螢幕的樣子了。可如果那天恰好皮總心情不好呢？

第三節　自然，不突兀

　　當我們設計完小米空氣淨化器之後，每一個人都非常滿意，不僅因為它在很多的技術方面都處於領先地位，還包括它擁有小巧精緻的外形，僅僅占一張 A 4 紙大小的面積，以及霧面而有質感的表層材料。

　　這款淨化器的邊角，採用了方形圓角設計，與牆角非常貼合。淨化器的表層，由實面和多孔面結合而成，孔洞形成灰色與白色的對比，孔洞與實面之間的變化，讓產品看上去簡潔但又不會冷冰冰。下面的底座，則讓這款產品有了一點兒懸空感。

　　整個淨化器能看到的設計項目非常少，但每個元素都經得起仔細推敲。當內測的同事把這個小東西搬回家之後發現，它一點兒都不占空間，也不搶眼，非常自然地與家具融為一體。

　　要知道，中國人的裝潢風格差異極大，一款新的家電產品入駐，與裝潢風格「百搭」很重要。而這款淨化器，放在任何一個環境裡都不會顯得突兀。

　　我們說過，智慧家居是個偽命題，除非家裡進行大規模裝潢，才有可能一次性完成智慧家電的布局和設置。但在現實生活中，更多的情況是家電一個一個逐漸走進家中。你的房子有原有的裝潢風格，有舊家具，也有舊家電。那麼，新進入你房間的這個傢伙，最好低調點。

　　這就是極簡的原因，低調、自然、不突兀，以滿足大多數使用者的需求，力求在每一種裝潢風格中做到百搭。

　　戴森是我們非常尊敬的一家企業，它們的產品風格都非常酷，風扇不像風扇，吸塵器的外形也不像吸塵器。每一件產品看起來都是那麼與眾不同。它們的設計，征服了相當一部分追求新奇的用戶，也在全世界範圍內受到一些個性用戶的追捧。當然，它們產品的定位也非常高端，注定不是大眾市場的選擇，所以它們可以在設計風格上多一些任性。

　　但那不是小米要的風格，我們就是要讓產品回歸它原本該有的模樣，不出眾，不出奇。用我們日常提醒自己的話就是：「讓產品長成它本該長成的樣子，我們絕不做視覺的殺馬特[52]。」

---

[52] 來自英文「smart」音譯流行語，喜歡並盲目模仿日本視覺系搖滾樂隊的衣服、頭髮等。

與家具環境百搭的小米空氣淨化器 2

　　一款產品，需要做到自然、不突兀，看上去自然而然地融入環境，就像一個低調而又聽話的乖孩子，悄悄地做著該做的一切。

　　大家還有可能會問，為什麼我們的產品以白色為主？很簡單，白色最簡單、最低調，符合我們的設計風格。而且，現在的家居風格基本都是以白色的牆為主，小米生態鏈的產品進入家庭當中，會很自然地與白牆相融合。

　　其實，這幾年在中國也很流行金色，一隻米金色的手機可能會很好賣，一輛金色的汽車也會很好看。但我們絕不會做這樣的選擇，因為金色與白牆不搭，與其他家具也很難搭配。不能融入自然的環境的設計，就不是我們要的設計。

第四節 「性冷淡裡帶點兒騷」

　　米家LED智慧燈的設計是我們非常滿意的作品之一，但沒想到在上市之後能夠獲得幾乎百分之百的用戶好評，這是我們有史以來獲得評價最高的一款產品。更令我們意想不到的是，很多設計師朋友托人到小米來買這款產品，因為初期產能爬坡，LED燈很長時間供不應求，他們迫不及待地走起了後門。

米家LED檯燈的「一抹紅」

給它一點維生素C

　　見過這款燈的朋友都知道，最讓用戶讚不絕口、打動很多設計師同行的，就是在燈臂與柱杆之間，被甩在外面的那「一抹紅」。

　　由於燈臂的尾端有一小段電線，在硬體的設計方面，我們不得不把這段電線露在外面，甩在連接處。我們試了很多方案，灰線、白線，但是從視覺平衡的角度來看，總覺得不是很舒服。後來我們又試了一下紅色，天哪，太美了！

　　燈的整體是白色，只有處於連接處的一小段紅色電線跳出，紅色的比例恰到好處。如果我們把整個電源線或是整個柱杆換成紅色，絕對沒有這樣自然的感覺，會讓人覺得太呆了。但如果把這一小段線也統一為白色，就會感覺那一段電線是多餘的：增一分則太長，減一分則太短。

　　這就是設計的一個原則：給它一點「維生素C」。在簡潔的設計中，增加一點點活躍的小元素，使得整個產品變得有了精氣神，有了靈氣。

　　後來，我們開玩笑，說這一抹紅是「性冷淡裡帶點兒騷」。這樣的設計，不是我們一拍腦門想出來的，也不是我們一、兩個人的審美觀，而是因為它真正符合設計美學，才會讓幾乎所有的人都愛上這個設計。

八分目

　　「飯吃八分飽」這句話不僅有益健康，俗語中更隱含了深刻的內涵，它是指將生活中對於物質的滿足感從一〇〇％減少到

八〇％，並將已擴張過剩的欲望調整至適當的狀態，進而得到更多的愉悅感受。

無印良品的「八分目」就是出自這個道理，在設計中注重「適量」的重要性，從各個角度檢視，不斷反思兩個問題：這是否是多餘的？這是否太過分了？日本的很多設計審美領域講究和、靜、清、寂，可能這種觀念已經深入人心了。因為其不斷自省以上兩個問題，以達到一種合理的平衡，避免過於簡單而導致乏味。

我們的設計風格也是追求極簡，去掉一切多餘的部分。加上純白色的調性，如果沒有一點變化，確實容易給人性冷淡的感覺。我們的用戶群體是「追求美好品質的大多數人」，屬性是「年輕人為主」，所以在我們簡潔的設計基礎上，需要增加一點點活潑的元素，作為點睛之筆。

在智慧LED燈之後，又一個引起消費者極大好評的設計就是小米生態鏈企業石頭科技的掃地機器人，這款產品整個機身都是白色，在頂部的360°雷射掃描部分則是紅色。有趣的是，我們的產品並沒有讓整個紅色露在外面，而是躲在一個透明的罩子裡。當這個機器人在地板上辛勤地轉動、工作的時候，使用者會從不同的角度看到罩子裡那若隱若現的一抹紅光，仿佛一個冷冰冰的機器人卻帶有一顆騷紅的心。

我們設計這顆「紅心」的時候，想到的不僅是騷，還有科技。這款掃地機器人是米家至今最複雜、最智慧的一款產品，我們希望使用者在使用中感受到科技的魅力，而且一看到它就能感受到那種力量，覺得它是充滿智慧的。

掃地機器人「騷紅的心」

小米公司的屬性就是一家科技公司，我們在設計中一定要帶有這種科技感。紅色、橘紅色是很年輕的顏色，有一點點的運動感、一點點的活力，所以我們在白色的設計裡喜歡加上一點紅色或是橘紅色。

同時，平衡、協調也非常重要，我們要保持這個小小的靈魂元素不超過五％的比例，並且不會放在非常搶眼的位置，所以機器人的紅色的心，一定要放在罩子裡，而不是突兀地頂在頭頂。

第五節　不自嗨，不炫技

在我們設計的過程中還有一個原則：如果遇到不成熟的新技術，或是會給用戶帶來困惑和增加麻煩的新功能，我們會果斷砍

掉，甚至整個項目都停掉。我們的產品是用來解決問題的，而不是為用戶帶來困擾的。

不成熟的絕不強加給用戶

在設計體重計的時候，我們原本計畫做出一款可以測量體脂的體重計。但後來放棄了。為什麼？因為當時市場上流行的測量體脂的技術是ITO（一種N型氧化物半導體）鍍膜，就是在玻璃上鍍一層膜，人站上去之後就可以測量出體脂含量。

這種功能想想都覺得挺不可思議的，一層鍍膜，人站上去就能知道真正的體脂情況？我們不是這方面的專家，但總覺得這個技術有點玄。

後來經過大量的調查研究後我們發現，這種鍍膜很貴，如果加在體重計上，成本就太高了。當然，貴還不是最主要的問題，核心問題在於它並不準，它給出的只是一個參考值，並非精準測量值。

那麼，我們有必要讓消費者為了一個參考值去買單嗎？為了一種還不成熟的技術去買單？

這就是我們設計的又一個原則，我們不自嗨，不炫技，不會為了追求所謂的最新、最酷，而不考慮用戶實際使用的效果，更不會為了追求所謂的新技術，將成本強加給用戶。

對於這個體重計的設計，我們花費了非常多的心思，最終出來的是一款顏值非常高的產品，定價只有人民幣九十九元（約合新台幣四百五十元）。砍掉了測量體脂這個噱頭，這款產品的銷售也非常好。事實證明，不靠炫技，靠顏值也能成就一個爆款。

要用最適合的，而不是最頂尖的

再說說智慧家居，到底智慧到什麼程度合適呢？在手機行業，大家流行比較配置，動不動就用評測軟體評分。因為手機已經成為每個人都離不開的工具，應用越來越多，功能越來越複雜，對性能的要求當然是越來越高。但追求高配置，在智慧家居領域並不適用。

米家電子鍋採用的WiFi模組晶片只有五只管腳，而純米以前做菜煲用的是一百多只管腳的晶片。管腳越多，意味著晶片越高端，數據傳輸能力越強。但事實上，電子鍋傳輸的數據很少，幾KB的頻寬就夠了。現在市場上隨便一個WiFi模組晶片都是百兆水準，一百多只管腳的晶片比五只管腳的晶片要貴不止一倍，但它的功能是多餘的，用戶根本用不到。

從做菜煲到做飯煲，楊華悟出了一個道理：要用最適合的，而不是最頂尖的。不能為了炫技，讓用戶去承擔多餘的成本。

總結來看，選用成熟技術、通用零部件的理由有三個：

第一，設計是從使用者出發，而不是工程師。大眾產品是要給用戶帶來便利，而不是帶來困擾。好用、實用、穩定，比擁有一堆用戶搞不懂的新功能更有價值；

第二，不能讓八〇％的用戶為二〇％的需求買單。很多所謂的新功能、新技術，使用者根本用不到，但這往往是成本最高的部分；

第三，為了保證量產的穩定性，越成熟的技術及工業化的零部件，越能保證生產的平穩性，對供應鏈企業也有益處。

不做「腦白金」公司

有些事情，雖然我們做了，但我們也不會過度宣傳，避免自己成為一家「腦白金[53]」式的公司。

比如照明領域，絕對不是遙控開關、定時功能、燈光可變化這麼簡單。我們看重這個領域，是因為未來這是一個涉及光健康的巨大產業。什麼樣的燈光，對人有什麼樣的影響，學習時與喝咖啡時的燈光效果，就應該是不一樣的。無論是從品質生活，還是從眼睛健康方面來思考，這裡面都有很大的學問。

有關健康的研究在全世界已經不是新鮮事，但還無法做到準確驗證什麼樣的光會有什麼樣的健康效果，國際上這方面的論文也非常少。Yeelight的團隊用了一年多時間，拜訪了業界頂尖的光健康專家，請來一些顧問，在這個領域內進行深入研究。所以，這款極受歡迎的LED燈，融入了一些有益健康的設計理念。

但是我們並不會刻意去宣傳一些光健康方面的設計理念，免得讓用戶覺得又是噱頭。只要他能實實在在感受到使用時燈光的舒適度，就可以了，我們沒必要去說一堆用戶聽不懂的名詞。

---

[53] 中國保健品品牌，以成功的市場行銷策略打響知名度，但也因不實宣傳和過度的廣告轟炸而飽受詬病。

講真

智慧，避免走火入魔

夏勇峰　小米生態鏈產品總監

　　我喜歡做減法，砍掉可有可無的東西。談智慧要避免走火入魔，我們不是為了智慧而智慧，如果智慧給用戶帶來了麻煩，而不是方便，我們應該把智慧去掉。因為用戶的方便是更重要的。

　　在現在的環境下，我們應該提供有限的資源，進行單點突破。在產品定義上，只需要想一到兩個制高點，然後在其他地方，使用標準化要求和成熟的技術。大幅地重複利用目前成熟的技術和零部件，整個產品的風險也會比較小。但前提是，一定要有足夠的、一到兩個制高點。一代產品的創新點最好就一、兩個，創新點太多，我覺得並不是一件好事。

　　要想在競爭中獲勝，靠創新是不夠的，必須要提高效率。做產品的時候，我們會在很多地方糾結。把不必要的、所謂的創新都確認過，你就更明確產品的定義，明確之後才能提高效率。

第六節　幹掉說明書

　　簡單易用，輕鬆上手，三歲的孩子和六十歲的老人，看到這個產品就會使用，不需要查閱說明書，這也是我們設計的目標。

技術解放人性

　　蘋果手機就是做到了這點，小孩子不需要學習，拿起來就能玩，我們經常可以看到三、四歲的孩子，玩手機、iPad非常熟練。一個更神奇的現象，蘋果手機開始流行之後，很多三、四歲的孩子比父母玩手機玩得還熟練。為什麼一個沒有任何認知、沒有學習過操作的孩子，會比有知識的父母更容易上手？

　　這在設計中稱為直覺化設計。科技水準的提高是為了給人們的生活帶來便利，而不是製造麻煩。技術雖然越來越先進，但應該設計更加傻瓜式的應用方式。所以我們在設計產品的時候，都是預設用戶不會看說明書，而是從設計的語義引導上，能讓消費者一看就明白怎麼操作，產品有可能會具備什麼功能。

　　舉個例子，我們在設計行動電源的時候，行動電源行業普遍會遇到宕機（當機）的問題。用戶有時候會發現，行動電源不工作了。我們在行動電源的開關上增加了一項硬重啟（強制重啟）的功能，一般情況下，用戶發現行動電源不工作的時候，就會下意識地去按開關鍵，正好無形中就重啟了電源。所以根本不需要教給用戶，讓他在很自然的動作中，就解決掉問題。

　　以前使用空氣淨化器和淨水器的用戶，都有一個非常大的苦惱：不知道什麼時候該換濾芯。一般產品說明書都會告訴你一年更換或是兩年更換，但這樣的提示非常不科學，因為每個用戶的使用頻率不一樣，怎麼能同一時間去更換呢？更麻煩的是，用戶需要拿個小筆記本，記下這次更換濾芯的時間，以防忘記。

　　我們對濾芯的更換方式做了一個革命式的顛覆。手機的App上，時刻可以看到你的濾芯使用到什麼程度了。如果你的濾芯使

用率超過八五％，App就會提醒你準備更換濾芯。同時，可以在
這個App上直接下單購買！在手機上輕點幾下，濾芯很快就會被
送到你的家裡。

幹掉說明書的本質是，透過技術解放人性。讓人以最自然的
方式使用科技產品，產品帶來的便利又會將人帶到一種最自然的
狀態中。

用最自然的方式使用產品

每個人的背景不一樣，對產品的認知差別也非常大。所以我
們在產品設計完成之後都會進行盲測，就是不提供任何說明，讓
測試者拿到產品，按照自己的理解、自己的習慣去使用。我們會
觀察他是怎麼操作的，在沒有提示的情況下發現多少產品的功
能。

如果我們發現用戶盲測的時候會遇到使用的障礙，或是沒有
提示根本不知道產品都有哪些功能，我們會想辦法做一些快速引
導，讓用戶在打開產品包裝的第一時間，就能夠簡單明瞭地看到
最重要的資訊，並且是一看就懂。

比如LED燈有一項定時的設計，這項設計的出發點是為了
用戶的身體健康，他可以設定一個工作時段，比如四十分鐘，燈
每隔四十分鐘會自動熄滅，「強迫」你休息，讓用戶可以用眼睛
看看遠方，站起來走一走。這個設計非常人性化，但如果不提
示，用戶根本想不到。所以我們在燈底座的面板上，貼了一層
膜，膜上印有快速引導語，用戶把燈從包裝裡拿出來的第一眼就
會看到這個引導語，很容易就明白其中的玄機。

　　此外，我們將很多智慧的應用放到App中，減少機器本身的操作複雜性。因為App更直觀，交流性更強，操作起來更方便。比如，電子鍋，如果你只想煮米飯，在電子鍋上輕輕按一下就搞定。但如果你想玩點兒花樣，調節一下米飯的軟硬度，煮一鍋排骨飯，或是想吃「發芽」的米飯，打開手機的App，非常容易就可以實現。

　　幹掉說明書並不是說不提供說明書，而是要盡量減少用戶在使用過程中的麻煩，這就要求：

　　首先，在設計上盡量採用直覺化設計，讓產品使用符合人性的特點；

　　其次，透過一些快速引導語幫助用戶在最短的時間內了解產品；

　　最後，無論我們自認為產品已經設計得多麼直觀，為了所有的用戶考慮，我們還是會奉上一本說明書。但在說明書的設計上我們也頗費心思，讓用戶透過最簡單的圖文去徹底了解這個產品。所以，我們很多產品的說明書，都會是出廠前的一個「瓶頸」，因為要經過反覆修改。記得九號平衡車的說明書，我們修改了二十多個版本。

第四章

關乎品質，絕不妥協

「產品品質是我們的生命線，品質管理再精細也不為過。」

　　我們常說一句話：不是對成本負責，而要對品質負責。小米永遠不會在品質上妥協。產品品質是我們的生命線，品質管理再精細也不為過。追求產品品質，是小米創業的初衷。這個初衷，對生態鏈上每一個企業都適用。因為我們共用一個品牌，大家的關係是一榮俱榮、一損俱損。在生態鏈篇章裡我們曾經講過，生態鏈的模式還是非常先進的，而這個模式最大的風險就在於能不能保證每一個產品的品質。

　　小米和米家的品牌，是靠一個又一個高品質的產品換來的，這就要求所有生態鏈企業共同去守護品質這條生命線。如果有一個產品的品質出問題，就是對小米或是米家品牌的透支、減分。

　　雷總曾經說過，小米雖然給予生態鏈企業很多方面的幫助，包括投資、管道、市場、供應鏈，但在所有的付出當中，最重要的一條就是小米品牌的背書。這個背書的風險有多大？大家可以想像一下，如果行動電源爆炸了，如果平衡車把人摔傷了，如果戴手環過敏了，所有的問題都會與小米的品牌連結起來。「小米

付出最多的，同時也是讓我睡不著覺的，就是這七十七家企業中任何一家幹（搞）砸了，對小米以及生態鏈上的每一位，都是致命打擊。」雷總反覆強調，「品質是重中之重[54]，用戶滿意度是重中之重，用戶口碑是重中之重。」

　　所以，品質是小米生態鏈模式走下來的根本保障。

　　此外，品質也是一種效率。

　　我們之前也講過，小米模式的核心就是效率，而提升品質本身也是對效率的一種提升。把產品做到最好，不必擔心行銷，口碑就可以發揮很好的傳播效果；口碑好銷量就大，量大就可以有效地控制成本；品質好還可以省去很多售後不必要的麻煩，減少維修，減少退換貨，減少產品召回。這一切，都是效率的體現。

---

[54] 在一些重要的事中最重要的。

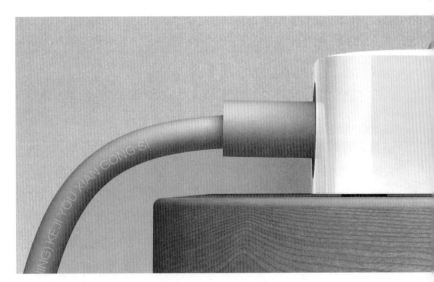

小米延長線棱角邊緣的「偷厚度」設計

一路走來，為了保證產品的品質，我們付出了很多的代價。在本書的最後一章，我們有必要單獨把品質的話題拿出來說一說，把我們走過的難關一一告訴大家。

第一節　止於至善

再減掉兩毫米

小米延長線是220V電壓，而日本的標準電壓是110V，日本人在國內根本用不到這個產品。但當我們把這個延長線送去參加設計大賽評選的時候，卻引起了評審們的極大興趣。

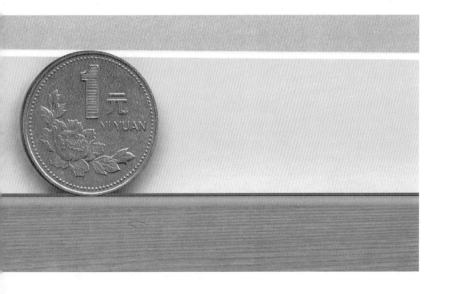

　　一個日本消費者根本不會用到的小米延長線，卻在日本獲得了 G-Mark 設計大獎，因為這款延長線上有三個消費者根本不會買單的消費細節，被 G-Mark 的評審注意到了。

　　第一個小細節是延長線上的三合一開關。在過去二十多年裡，整個行業都在沿用一種又大、又笨、又醜的開關。大家看看自己家裡的延長線，是不是有一個半透明、大大的按鈕？這個設計在過去二十多年來從未改變過，似乎已經成為行業共識：「我們一直就這麼做哪。」這是一個行業的標準定製件，哪家拿來都能用，因為用得很好哇，於是大家就在舒適圈裡混了二十多年。

　　我們為了讓延長線盡量薄一點兒、小一點兒，看起來更輕巧一點兒，必須要把這個沿用了二十多年的開關「幹掉」。而要把三合一開關做到如此精巧，對於硬體研發者來說是一件非常非常痛苦的事情。它意味著重新設計、重新開模具、重新進行複雜的驗證工作。這不僅僅是研發人員和設計師改方案就能解決的事，更需要整個產業鏈條上各個環節共同努力完成。幸運的是，我們找到了願意改變的「少數派」。

　　評審們注意到的第二個細節是，小米延長線的表面為什麼會有微微的隆起？這要從雷總說起。延長線是小米生態鏈最早的項目之一，把延長線做成藝術品，可以說是他多年來心中的一個情結。這個項目自始至終雷總都在親自過問，當我們經過反覆修改，把一個自認為非常理想的設計交給雷總後，他堅持讓我們的設計人員再減掉兩公厘。要知道，我們的延長線已經比其他同類產品小了三分之一以上，兩毫米的差距其實用戶感覺並不會很明顯，但是雷總就是咬著不放。

雷總的堅持，導致我們在設計上極盡一切可能地做小，甚至採用了手機設計領域常見的小手段：「偷厚度」。很多手機產品在設計的時候，為了讓用戶看上去覺得很薄，會把棱角邊緣做得更薄，而中間部分則會微微地隆起。人們往往看到纖薄的邊緣，就會認為產品的厚度就是如此，而忽略了中間的隆起。小米的延長線就有這樣一個微微的隆起，比起棱角邊緣「偷」了不到一公厘的厚度。

一般用戶不會注意到這個細節，只會感覺到這個延長線太小巧了。恰好我們的用心，被評審注意到，成為評選中加分的亮點。

最讓我們感動的是，評審居然發現了尾部露出電線的那個圓形小孔的與眾不同。一般的延長線，在尾端走出電線的孔都是火山形，在組裝的時候可以直接安裝上。而雷總的「潔癖」令人髮指，說這樣不美觀，一定要做成非常小的一個圓孔，這無疑會給組裝增加麻煩：我們要先把電線插進孔洞，再從底下把零件裝配

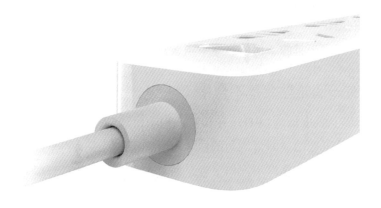

被G-Mark評審大為讚賞的延長線尾部圓形小孔設計

上去。從量產來講，這樣會增加一道工序，時間上不說，產品成本也會因此增加兩、三角錢。

評審注意到的這幾個小細節，當初設計時真的花費了我們很多心思和時間。其實我們也清楚，這些是我們自己的苛求，消費者未必會為此買單。有多少消費者會注意到那個孔是圓形的還是火山形的呢？當我們決定要做一個桌面上的藝術品的時候，即使有些細節消費者不會為之買單，我們也不能放過。

在小米的延長線上市以後，如果單純在網頁上看小米延長線，根本看不出跟其他延長線有太大的區別。要是將小米延長線與其他品牌的延長線放在一起對比，差別就太明顯了，而且其他延長線的拔模角[55]也要比小米的大很多。把拔模角做小（接近零度），對生產工藝的要求更嚴格，可我們偏要追求這種精緻感。整個延長線的設計，我們在國際標準能容忍的基礎上，做到最薄、最輕、最小。從此，延長線不再是扔在桌底、踹在腳下的一個工具，而是可以擺上桌面的「藝術品」。

小米延長線上市後，相信大家都看到了市場上其他同類產品的變化。時隔兩年，現在再去看市場上的延長線，已經跟小米延長線越來越像，但依然達不到像我們的這麼精巧。

有一個雜點就是不合格

Yeelight的LED燈在製造過程中曾遇到一個大難題：鋁合金的燈杆要噴成非常均勻的白色。由於我們對均勻的要求過高，有一個雜點就屬於不合格，就是廢品。這麼大面積的噴漆，每天還

---

[55] 指工件在脫模時，為便於取出而設計的角度。

要保證一定的生產量，這對生產線要求極高。姜兆寧找了好幾家廠商，都搞不定這項技術。

後來他想，噴漆工藝最厲害的是兩類生產企業：一是高端數位產品的生產商，二是高端汽車的生產商。最後 Yeelight 選擇了佳能相機的供應商。

即使是找到了最好的廠商，真正實現起來也並不容易。燈臂的面積比較大，對它的均勻噴塗是個挑戰。Yeelight 派出工程師駐廠，與供應商一起設計這條自動化的噴塗生產線。單單這一條噴塗線，我們就用了兩個月的時間，透過雙方聯合設計、創新，才使其達到最後的要求。

這就是生態鏈上倡導的聯合創新模式。為了研發出創新產品，為了有更高的產品品質，很多情況下我們不能沿用原有的生產線。因此我們與生態鏈企業還會共同投入研發新的工藝，對生產線進行改造，甚至有的供應商會按照我們的要求進行廠房的裝修、生產線的佈線，按照我們的建設需求去購買新的設備。

小點兒，再小一點兒，這也是小米的追求。

小米手環一代的設計出現在二〇一四年，當時可穿戴設計剛剛起步，一個電池問題難住了華米：為了讓手環更小更漂亮，需要一種體積更小但續航能力更強的電池。黃汪在市場上找了很久，也沒有找到尺寸適合的電池。

怎麼辦？只能找供應商一起重新設計開發一款小電池。但是當時，智慧硬體的生產才剛剛開始，很多供應商都處於觀望狀態，誰也不願意先期投資研發、改造生產線，畢竟風險太大。

多數供應商處於觀望狀態，誰也不願意真正投入資源去冒險。華米在業內又苦苦尋找了一圈，還是沒有一款電池的尺寸可

以滿足需求，因為利潤和訂貨量都沒有吸引力，也沒有廠商願意研發這種更小尺寸的電池。

華米借助小米背書的力量與幾家大型電池廠商談判，這些廠商不是報價高得驚人，就是條件苛刻到無法合作。後來華米找到了一支中型團隊，與其合作開發，一起研發出了滿足要求的電池。透過合作，小米手環做到又小、又輕便、又便宜，於是手環一上市，就受到極大的歡迎，一直供不應求。

小點兒，再小一點兒，我們死磕[56]這款小電池，這樣做不僅讓我們的手環更完美，也無形中幫助供應商完成了升級的過程。它們以前沒有能力生產這樣的小電池，當我們與它們共同開發、改造生產線之後，它們不僅從我們這裡獲得了可觀的訂單，還可以為更多的智慧硬體企業提供「小電池」。

同樣因為「小」的要求，小米手環的震動功能實現起來非常困難。手環上的振子[57]要比手機上的振子小一號，不能使用手機上的通用零部件。沒辦法，我們也是與供應商一起合作設計，對生產線進行改造，慢慢把這個「小振子」的良品率提升起來。

回過頭來看，在華米剛剛起步的階段，國內的智慧穿戴市場也剛剛起步，很多東西需要我們做到「第一次去創造」。

有潔癖的設計師

另外一款令我們摳細節[58]摳到極致的產品是小米行動電源。

前面我們講過，行動電源在產品定義階段，就確定了人民幣

---

[56] 無論什麼代價，堅持到底之意。
[57] 手機振動裝置中的重要部件。
[58] 要求細節。

六十九元（約合新台幣三百元）的市場價格，採用了國際最好的電芯。從定義階段，我們就知道這款產品不可能賺錢。這會不會影響到我們的設計理念？

我們並沒有把這個定價告訴工程師，如果讓他們工作的時候，還要想著成本的壓力，很多好的方案他們根本就不會提出來。所以在做這個六十九元的行動電源時，我們毫無保留，要求零部件全都用最好的。「有的時候，做事情要有一點兒理想主義，要天真一些，不能算計得太細。」張峰回憶道，如果太計較一時得失，行動電源這個項目就成不了。

紫米有一個工程師，跟雷總一樣有著先天的「潔癖」，他的眼光非常「毒辣」，一眼就能看出別人看不到的瑕疵。

記得小米行動電源的金屬外殼在打樣時，生產廠打了幾百個樣品，排了一排擺在會議室的桌子上。這位工程師就坐在那裡，把每一個樣品都拿起來端詳，然後邊看邊做紀錄，密密麻麻記下很多問題之後，他再對問題進行分類，最後交給生產廠的人，讓他們調整工藝，重新打樣。每一次看打樣，他都是這樣挑，這樣查，反覆提出問題，反覆修改。

有一次張峰也進到會議室裡轉了一圈，他感覺不到這些打樣有什麼問題，看上去似乎已經很完美了。但是在這位工程師眼裡，這批樣品的問題依然很多，修改多次後的樣品仍過不了關。

張峰當時非常焦急，就跑去求這位工程師：「你再這樣查下來，我的產品就做不出來了，高抬貴手吧。」這位仁兄平靜地說：「要是讓我把關，肯定不行，通不過的。你要是覺得一定行，這次我就放你過。」在這件事上，張峰也不得不看工程師的臉色。

　　而那家生產廠也很倒楣，小米第一代行動電源的金屬外殼至少打了兩萬個樣品，每個樣品需要人民幣十到十五元（約合新台幣四十五元到六十七元）的成本！還好，這個廠商曾被蘋果公司「虐」過，為蘋果公司做過一款產品的外殼，先後打了五萬個樣品，都沒有能挑選出一個滿意的。所以，我們這兩萬個樣品，這個廠商還能忍受。

　　這位工程師與雷總、李寧寧屬於同一類人，這類人在小米和生態鏈企業中還有很多，他們天生對產品外形非常敏感，眼光犀利，有精神潔癖，容不下一點瑕疵，不以一般消費者的視角去看產品。他們有時候甚至會是流程上最拖後腿[59]的人，但如果沒有這類人，我們的產品就無法上升一個層次，就會變得平庸。

　　另一個例子：小米行動電源的USB插孔在底部，雷總說這個USB口露出來感覺不完美，讓我們在底部貼了一層透明的薄膜，讓用戶拿到之後，撕開的瞬間會感覺這東西真高級。不過，為了這層膜我們又增加了三角錢成本。

　　再說說行動電源上的呼吸燈，當使用者充電時它會慢慢閃爍，就是這個閃爍的節奏，我們調了很長時間。頻率太快，使用者會感到局促；太慢，會感覺不到它在工作。我們反覆調整，發現閃爍的節奏跟心臟跳動的節奏相似時，看上去最舒服。

　　這裡插一句話，小米延長線和小米行動電源，都是我們生態鏈最早期的產品，從這兩款產品裡可以看到雷總對於設計方面的「潔癖」。這兩款產品的共同點是在細節上的要求到了極致，且以低得出奇的價格進行銷售。當然，最終兩款產品都獲得了巨大

59　牽制、阻撓別人或事物，讓情況不得前進。

的成功。

後來有人說，那些細節使用者幾乎不關心，也不會為此買單，你們有必要這樣做嗎？現在重新檢視，如果延長線不縮小那兩公厘，行動電源不虧八塊錢去賣，可能並不會影響最終的結果。但當時這種接近病態的極致訴求，對於生態鏈企業初期打磨品牌、鍛鍊隊伍、立下規矩，還真是立下了汗馬功勞。

這兩款產品對細節的苛求，成為生態鏈企業後來設計產品時的一種常態。

華米生產的體重計，表面是均勻的白色外觀，當人站上去的時候，螢幕才會啟動，人們才會看到顯示出來的數字。這裡面其實隱藏了一個大家很難注意到的細節：表面顯示的位置上，有一個淡淡的小點，那是我們埋下的一個光線感應器。當室內光線強的時候，LED顯示會更亮一些，光線暗的時候，則會顯示暗一些。其實，手機裡通常都會有這種光線感應器，手機自動識別環境光線後，顯示的明暗度也會不同，我們把這個做到了細緻的設計放到體重計裡，讓用戶在無論在什麼光線下，都能看到最舒適的LED顯示效果。同時，為了不讓這個感應器太搶眼，我們在其表面加了一個塗層，用戶很難發現這個「小機關」。

因為生態鏈企業這種對細節的苛求，純米在做電子鍋的時候，也把供應商給逼瘋了。

因為電子鍋的蓋子在閉合之後，難免會有一點段差[60]。傳統家電企業的要求是一公厘以內就算合格，然而楊華團隊硬是提出了〇‧一公厘的標準：生產商花費好幾天時間打出來了五千個外

---

[60] 兩塊模具因為加工精度偏差導致匹配的偏差。

殼，我們發現段差都超過〇‧一公厘，於是決定五千個都不要了。這個標準把楊華自己的團隊和供應商都逼瘋了，連打塑膠殼的車間主任都哭了。這條漢子的哭泣裡，有著急，也有心疼，五千個呀，就這樣被廢掉了。

我們跟供應商一起溝通，堅持、再堅持。如果熬不住就是放棄，但是現在熬過來之後再看，不僅我們的產品是完美的，供應商的生產品質也更上層樓，我們雙方都感到非常有成就感。

這樣的例子在生態鏈的每一款產品的開發過程中都有很多，現在說起來好像是談笑風生，但每個經歷過的人都知道，那裡面滿滿的都是淚呀。

講真

對不起，我不接受

李寧寧　小米生態鏈ID總監

我們的延長線做出來以後，你在網頁上根本看不出跟別的延長線有什麼區別。但如果把它和其他延長線放在一起對比，你就會看出不一樣了，其他品牌的會大出很多，連拔模角都會大很多。我們做得這麼精緻，中國的消費者可能看不出來，甚至是不買單的，但這是我們自己的追求，延長線就要把拔模角做小、做精緻，做得恨不得和蘋果的消費電子產品的充電器一樣。我們的延長線是在符合中國國家標準的基礎上做得最薄、最輕、最小的。你可以看看所有跟小米近似的延長線，你擺在一邊看看體積重量和拔模角模具的精緻程度，就知道其實是有區別的。

　　小米消費電子類的產品要求，包括模具、電子器件的堆疊、段差、拔模角等，都要比傳統的家電要求更高。其實業界真正能達到我們的要求是很難的，因為我們往往會把標準提高。我們希望把小米的各種產品裡，非消費電子產品數據的要求提高到消費電子產品的標準。

　　傳統製造業自己默認的行規已經存在二、三十年了，這些企業在自己的舒適圈裡已經生存了二、三十年，大家反正沒有什麼目標，都自得其樂，過得很舒服。但其實你要仔細想一想，本身經營製造業的技術發展已經提高一步了，不應該再用二十年前的標準要求自己，不然我們這個社會的發展和科學技術的進步有什麼意義呢？

　　製造業整體水準其實是可以提高的，只是意識落後於整個製造技術的進步速度。公牛做延長線做了幾十年了，為什麼就沒有做出這麼一款精緻的延長線來呢？因為幾十年沒有人去跟它競爭了，其實它要是做出來也是所向披靡的。

　　所以我就會要求製造廠商說：對不起，這個要求我是不接受的，就算全中國九五％的家電製造企業都是接受的，我也不接受，因為我希望產品的標準能夠再提升一點！

第二節　真材實料

　　小米手機1發布的時候，用了當時最好的晶片，最好的螢幕，原材料供應商幾乎都是蘋果的供應商。其實，從小米誕生的

第一天起，我們就追求真材實料。在小米生態鏈上，這也是我們的信條，選用最好的材料，給用戶驚喜。

白色，也要瑩潤飽滿

大家知道對於設計師來講，什麼顏色最難駕馭嗎？

白色，別無二選。這是所有設計師都珍愛的顏色，也是讓所有設計師都懼怕的顏色。面對純白色的材質，需要在設計上多動一些心思，因為用白色打動用戶並不容易。同樣是白色，用金屬與塑膠，質感完全不同。即使是塑膠，不同原料廠的材料，給人的觀感差異也會很大。所以說，白色，一方面對硬體設計的挑戰更大，一方面對材質的要求也更為嚴苛。

現在市場上的檯燈，絕大多數都是塑膠材質的。但用戶稍留意就會發現，塑膠材質看上去很沒有質感，顯得臃腫。有的塑膠材質用得不好，整個燈都會搖搖晃晃的。

米家LED燈雖然也是白色，但裡面選用了金屬杆，外面噴白色霧面漆。目前市場上金屬材質的檯燈，基本售價都在人民幣五百元以上，而米家LED燈做到了只賣人民幣一百六十九元（約合新台幣七百六十元）。在兩百元以內的等級上，我們選擇了別人基本上不會選擇的材質。用戶使用的時候，能明顯感覺到金屬噴漆的白色跟塑膠材質所呈現出的不同之處。而且，它們的手感也完全不一樣。

有時候，我們的產品設計感覺非常完美，但生態鏈企業的人員打樣時，怎麼打都不對。我們把色板給他們，讓他們按照色板去調，但也打不出那種瑩潤飽滿的感覺來，這就是選擇材料上的差別。

　　如果我們的產品，在必須要選用塑膠材質的情況下，我們也要選擇最好的廠商的原料。我們選擇的這家廠商的原料，同樣是白色，但看上去瑩潤飽滿，跟其他材料的效果大不相同。當然，我們現在不能透露這個廠商的名字。

把十萬元級音箱的振膜材質用到小小的耳機上

　　1MORE 的活塞耳機做了冒險的嘗試，除了使用全金屬精密切削音腔，是全球首次把鈹振膜用在小耳機上，在此之前，這種「貴」金屬都是在人民幣一、二十萬的高檔音箱裡存在的。

　　鈹這種金屬很特殊，質量非常輕，價格高，是振動頻率最快的金屬之一，用它做出的音響器材，音質近乎完美。但是以前沒有一家企業把鈹用在耳機這種產品上，原因很簡單：首先，這種金屬太貴了，對於耳機產品來說，其成本令人難以接受。其次，你要有技術能力做好鈹化合物，鈹是一種極為活躍的金屬，工藝上不好掌控。最後，你要有足夠的訂單，生產商才會願意跟你綁在一起往前衝，為了你的產品上新設備，改造生產線。

　　1MORE 透過聯創模式，與廠商一起研發出來用在耳機上的鈹振膜，成為全球第一個將鈹振膜用在小耳機上的「吃蟹人[61]」，讓用戶在人民幣九十九元（約合新台幣四百五十元）的耳機上得以體驗十萬元級音箱的效果。

把可食用級的塑膠戴在手腕上

　　我們在研發小米手環1的時候，也在手環的材質上費過一番

---

[61] 勇於去做別人沒做過的事，後比喻為有創新精神的開拓者。

心思。戴過手錶的人都知道，錶帶的材質與佩戴的舒適度密切相關。從當時的市場上來看，可選擇的中檔材料是TPU（熱塑性聚氨酯彈性體橡膠）、TPE（熱塑性彈性體材料），甚至有的廠商就採用普通矽膠。而這款手環的電池可以連續使用十四天，也就意味著用戶有可能連續十幾天都不用摘掉手環。以生態鏈產品的銷量來看，我們預計手環的銷量應該是千萬以上的數量級。試想一下，如果有百萬分之一的用戶發生皮膚過敏，就是非常嚴重的醫療事故了。

經過反覆的斟酌與考量，我們選擇了TPSiV（熱塑性硫化膠），這是一種可以用在餵嬰兒喝奶粉的湯匙上的材料，其安全性可想而知。當時，業界沒有企業會把這種材料大規模使用在可穿戴產品上，而我們又是第一個吃螃蟹的人。在我們推出小米手環後，有一些企業也開始跟進使用這類材料。

TPSiV是頂級親膚材料，它的成本是別的材料的三到五倍。有人會問，你們選擇這麼高標準的材料，不是讓九九％皮膚不會過敏的用戶，為一％有可能過敏的用戶買單嗎？如果是噱頭，或是無關痛癢的功能，我們絕不會增加在產品中。但對於產品的材質，我們的要求非常嚴格，特別是關係到人身安全的問題，即使是只有萬分之一的事故可能，我們也不會放鬆警惕。

裡外材質保持一致

小米空氣淨化器也是因為超優惠的價格，對市場造成了極大的衝擊，我們第一代產品以人民幣八百九十九元（約合新台幣四千元）的零售價，媲美四千元以上的空氣淨化器的淨化效果。而且，即使我們把價格降低到這種程度，也沒有犧牲一點點品質。

這款淨化器的外部採用了高品質的白料[62]，在內部也使用了同樣的材料。我們沒有採用低一個等級的白料，更沒有用黑料，因為黑料容易摻假，我們無法控制產品的整體品質。儘管內部材料用戶看不到，但我們索性內外一致，全都使用了最好的材料，以此來保證品質。

真材實料也是一種效率

一分錢一分貨，我們可以在各個環節上透過提升效率來降低成本，但材料上絕不敢有絲毫的「節儉」。

小米電助力自行車的銷售價格是人民幣兩千九百九十九元（約合新台幣一萬三千元），很多中國消費者認為價格有點高。在這款產品設計的初期，黃尉祥認為人民幣一千九百九十九元（約合新台幣九千元）是一個擊穿市場的價格。但在設計、生產的過程中，因為要選用最好的材料和配件，成本怎樣都降不下來。這也是需要取捨的，在品質和低價之間，黃尉祥要先保品質。

「把產品做到九十分以上，其實你後期的成本會很低，這也是效率的一種。」

一家同類型的廠商踩過這樣的雷：售價人民幣一千九百九十九元的電助力車，因為採用了比較差的配置，在韓國市場銷售後出現問題，被迫召回兩萬台。

「如果我們的硬件（體）卡在一千九百九十九元的價位上，風險很大。我們是單品公司，一旦出現大規模召回，一定是死路

---

[62] 白料：組合聚醚（多元醇），由多元醇，阻燃劑，催化劑，發泡劑等其他助劑混合而成。黑料：由多異氰酸酯組成，兩者為聚氨酯發泡的主要原料之一。

一條。所以，必須保證品質。避免後期的各種成本與麻煩，這也是一種提升效率的手段。」

第三節　在看不見的地方下功夫

拆機文化

有一個很悲催[63]的事實，從小米手機1開始，小米和小米生態鏈上的每一款新產品發布，都會有一堆螺絲起子等著我們，這就是拆機。

一開始，大家都不相信小米手機那麼高配置可以做到人民幣一千九百九十九元（約合新台幣九千元）的價格，一定要拆開來看。後來，對小米有「興趣」的人越來越多，小米被拆機已經成為一種常態。每一款新品發布之後，都能看到網上有很多人曬拆機的文章。

好在，從設計第一款手機到電視、路由器，再到生態鏈上的一系列產品，我們一直奉行一個信條：AB面一致。

一開始我們是被拆，後來我們就開始主動拆。每一款產品發布的時候，我們會把零部件全部拆開來，給用戶看，甚至在線下的小米之家還舉辦過拆機活動，把米粉邀請到現場，跟我們一起動手拆機，看看裡面到底是什麼東西。

---

[63] 網路流行用語，悲慘到催人淚下，一般表示不順心、失敗、傷心、悔恨之意。

　　久而久之，這些螺絲起子把我們逼到死角裡，我們沒有退路，必須把裡子和面子做得一樣精緻。

　　在設計延長線的時候，我們發現所有延長線裡都是飛線[64]。即使市場上有些延長線外形還勉強看得過去，但是一旦拆開，看著裡面鬆鬆垮垮的飛線，你一定不會有安全感。事實上也是，那樣的佈線存在著很多潛藏的危機。如果有萬分之一的可能，延長線焊點鬆動，都有可能引起火災或是威脅到用戶的人身安全。

　　只有萬分之一的產品出現品質問題，應該算是很高的良品率了。但對於小米生態鏈上動輒上千萬的單一產品銷量，就意味著有幾千個「炸彈」存在。

　　後來我們的設計團隊想到了銅帶這個方案，延長線裡面的銅帶完全一次鑄成。從來沒有延長線企業這麼做過。但我們想到並且做出來了。一次鑄成的銅帶，節省內部空間，確保安全，還提升了美感。

　　在延長線的發布會上，我們主動拆開產品，將內部呈現給大家看。延長線是生態鏈早期的產品，從延長線開始，我們拆開機器、展示給用戶看的行為，成為了一種常態。其實，當我們把內部的所有配件和結構展示給消費者的時候，我們內心真的感到很驕傲。

拆開行業的黑箱

　　我們在設計淨水器的集成水路的時候，發現水路漏水是整個行業的痛點。其實還有一個更深層的原因：因為漏水，導致了水

---

[64] 將導線焊接在需要連接的兩點之間。

箱裡的二次污染。即使你非常定時地更換了濾芯，但水箱裡的二次污染問題仍舊無法解決，你喝到的水還是不安全的。

　　這個問題一般消費者是不懂的，但是業界的人都知道這個問題一直存在。所以當我們把這個問題解決掉之後，得到了同行的認可。為什麼我們這麼在意同行的評價？他們了解這個行業，我們做的東西必須經得起專業人員的推敲，他們說OK，說明這個東西是真的OK。如果連專業人士都覺得你這個東西不行，那麼你的產品不就是所謂的講情懷[65]、炒噱頭嗎？

　　就好像消費者去買房子，主要考慮的是房子的位置、房型、價格等這些外在的因素，而內行人一定還會多看看你房子的建材、施工的品質。

　　消費者一般都會看外在的東西，而內行的人會看內裡的東西，更深層次的東西。產品通常都是一個技術黑箱，消費者很難知道裡面到底用了什麼材料，裡面是不是包含真正有用的技術。很多行業都是在利用資訊的不對稱來賣概念，而技術則一直躺在舒適圈裡，二、三十年都沒有變。

第四節　內測如同煉獄

　　內測和公測，在軟體行業是非常普遍的一種手段，特別是遊戲軟體。小米把內測引入硬體領域，小米的每一代手機上市前，

---

[65] 抒發自己的心境、情趣和胸懷。

都要經過「煉獄」般的內測過程。

我們生態鏈上的硬體產品，也沿用了這個方法。所有產品必須通過嚴格的內測，我們才敢把它投放到市場上去。

小米手環是生態鏈上比較早的一款產品，當時我們的內測還沒形成完整的體系，而那一次內測的規模比較大，前前後後發放了大約五百個內測機。

後來我們把整個小米公司分為八個部門，每個部門都有助理，我們請他們幫我們挑選各個部門的內測人員。我們建立了一套內測系統，在小米內部有白名單[66]。內測階段是嚴格保密的，任何人都不能對外透露產品資訊，所以白名單上的人並不多，而且都簽署保密協定。

一開始我們內測機的發放範圍比較大，比如小米手環前前後後幾輪內測一共發放了五百個產品。產品發放下去之後，我們會建一個「工作群」，內測人員在群裡回饋各種意見。後來我們發現，大範圍地發放內測產品效果並不太理想，因為人太多，並不是每個人的積極性都很高。你會發現，每次內測都積極吐槽並提出建議的，總是那一小部分人，這部分人就是那類真正喜歡各種智慧產品的發燒友。後來我們縮小了內測的範圍，結果發現人少了，發言的積極性反而更高，效率也更高。

到二〇一六年年初，智慧家庭推出了眾籌平臺，我們就在這個平臺上開通了一個內測專線，內測機也開始收費，當然這個價格一定會低於未來產品上市的價格。

收費的內測，針對性變得更強。有動力花錢買產品的員工，

66　只有名單內的成員有權限了解內測資訊。

說明他真的對這種產品有需求。在內測階段，我們還設立了獎勵機制，對於積極回饋的員工，我們會退回款項。對於提出有效建議或者發現 bug [67] 的員工，我們甚至會全額退還他們的購買費用。這個階段，眾籌三十台內測的機器，得到的回饋效果就已經非常理想，效率可能會高於以前發放兩百台內測機的效果。

內測要想達到高效率，最核心的要求就是要讓大家敢講真話，吐槽越多，對產品越有利。有兩個原因使得我們內測效率比較高：第一，小米的這群工程師中有一批發燒友，他們是對產品真正有愛的人，也真的非常懂產品；第二，小米這些工程師與生態鏈企業的人並不認識，吐槽起來不用顧及誰的面子。

小米的工程師身上，技術男的特質很明顯，他們很多人的工作就是玩，玩就是工作，對產品的熱愛是深入骨髓的。在內測的時候，他們不會考慮設計者、研發者面子上是不是好看，也沒有被虛偽的外表包裹起來，有什麼說什麼，吐槽非常狠。生態鏈企業有時候也很怕內測這一關。

有一次，一款即將上市的產品進行內測，結果有位工程師感覺產品很爛，在群裡連續吐嘈，然後轉身就去買了一款競爭對手的產品。後來，這款被大家嚴重吐槽的產品，沒有被小米生態鏈採用。

設計得再完美，但產品使用起來的各種場景卻是無法提前預估的，所以內測這個環節必不可少。下面舉兩個小例子。

掃地機器人這款產品在使用者用來開蓋的地方，我們設計了一個微微的突起，提示用戶可以從這裡掀起蓋子。但在內測的時

---

[67] 指在電腦系統或程式中，未被發現的缺陷或問題。

候我們發現，不仔細看是看不到這個突起的。所以我們在最終產品上增加了一個小標籤，讓用戶一開箱就知道這裡有一個「機關」。

Yeelight的LED燈，起初設計成燈杆與燈座分離的結構，這種可插拔的設計使得產品的包裝更精巧，運輸和存放都更經濟。但內測的時候我們發現，力氣小一點的女生插拔起來非常吃力，需要找別人幫忙。我們發現一百個內測人員裡，有四、五個人反映了這個問題。對這款產品的銷量，我們本身的預估是很樂觀的，但按照這個比率，如果賣出一百萬台，就會有四、五萬人出現插拔吃力的問題，這無疑會是一個大麻煩。在得到內測人員的這個回饋後，我們緊急做了切換，寧願包裝大一些，運輸成本高一些，也要改變這個設計方案。

內測，可以把我們認為已經很完美的產品投放到各種真實的使用場景中去，讓問題一樣一樣地暴露出來。設立高效能的內測機制，是我們認為硬體產品上市前必須經過的「煉獄」。內測會長達一、兩個月時間，只為了讓問題充分暴露出來。只有把暴露出來的問題全部解決掉，才可以讓產品進入下一個環節當中。

第五節　品控貫穿始終

生態鏈企業都是新創業的團隊，在初期並沒有嚴格的品控流程，只是在產品的標準上非常嚴苛，不合格的就淘汰，以此來避免出現品質問題。在摸索中，我們的品質管理也漸漸有了小米特

色：品控前置，從設計階段就開始介入，提前制定企業標準，品控嚴格貫穿全流程，對工廠進行全方位評估，建立預警機制，QC（品質控制）駐廠，加強小米和生態鏈兩層負責制。

補位

剛開始進行品質管理的時候，我們也遇到了一些難題。創業公司在最初的人才招聘階段，一般都是優先建立研發團隊，先把產品做出來。而品控團隊人員的招聘一般都比較晚，因為產品還沒設計出來，招來人也無事可做。

所以，在生態鏈企業發展初期，就會出現一個大問題：品控介入得比較晚。品控人員一般都要到生產階段甚至更晚才會介入，那個時候公司的產品已經基本成形，任何更動都意味著要付出巨大的時間成本，甚至需要把做好的模具廢掉。此時，生態鏈企業的品控團隊會非常為難。

我們遇到的這個問題，其實很多創業企業都遇到過，大家以為設計是設計，生產是生產，將二者完全分割開來。品控人員在設計階段不參與，到後期也很難有話語權。

我們發現這個問題之後，在生態鏈企業早期團隊不完善的階段，就採取了「補位」策略，先讓我們小米自己的品控團隊來配合他們一起做前期工作，從最開始的產品規格書的定義階段就參與進來，等生態鏈自己的品控團隊組建完成後，我們再把工作交接給他們。這也是小米生態賦能的一部分，生態鏈企業前期沒有ID設計人員，我們補位；沒有市場人員，我們補位；沒有供應鏈管理人員，我們也補位。我們一步步幫助他們慢慢把團隊組建完成。

慢慢建立起來的品控管理體系，其特點是前置並且貫穿生產的全部過程，而且是從產品定義的時候就開始介入。比如在定義產品時，我們就要討論這款產品應該符合哪些國家標準、行業標準、企業標準，將標準制定清晰，而且每一步都要用標準去檢驗。

在這裡要特別強調一下，生態鏈很多產品都具有跨界的特點。我們面臨的難題是，因為產品是跨界的，沒有對應的國家標準或是行業標準可以參考，這種情況下我們就要儘早制定企業標準。最後產品封樣的時候，就按照這個標準進行檢驗。

用手機的標準去做家電產品

除了跨界，在品控問題上我們運用了降維攻擊的思路。我們幾乎都是用做手機的標準去做家電產品，達到這樣的要求真的不容易。

1MORE團隊從做耳機的第一天起，就有一個夢想：自己的產品可以超越樓氏。樓氏是這個行業的一個標杆。然而與1MORE聯合開發動鐵耳機單元的供應商，一開始對1MORE提出這麼高的品質標準要求表示不解：「當初1MORE團隊成員找到我們，對我們提出了一個不可思議的高要求——他們準備用在人民幣九十九元（約合新台幣四百五十元）的圈鐵耳機上的動鐵單元，不僅聲音失真要遠低於同行標準，還必須把頻率響應的公差限制在極低範圍之內。我們指出這要求太高，別說國內的企業，即使世界上最尖端的樓氏，公差要求也比這寬。」但是1MORE就是執著地認定了這個遠超行業平均水準的標準，並且指派品質專家駐廠，與供應商一起解決產品品質的穩定性問題。

再說說米家電助力自行車。自行車製造業已經是相對成熟的一個產業，自行車不是精密設備，對製造業的要求不是很高，傳統的自行車製造業的段差標準是五公厘，而米家電助力自行車要求必須控制在一公厘之內。

當然，並不是所有生態鏈企業都像1MORE、騎記一樣認同在標準上進行「降維攻擊」。作為一家獨立的企業，它們更要考慮技術、時間、品質、成本、商業利益之間的平衡。如果我們是面對一家ODM企業，其實非常好管理，我們只要提出相關標準就可以，ODM廠商必須按照我們的標準執行。但我們和生態鏈企業是兄弟關係，我們是「幫忙」而不是「管理」。因為「屁股」坐在不同的地方，「腦袋」想的也難免不一樣。

所以，我們慢慢找到一些方法，比如品控前置，相關人員在設計階段就參與進來。比如在產品立項的時候，就制定企業標準，到驗收的時候就嚴格執行，凡是不符合要求的，都要做出改進，盡量避免到後期產生不必要的麻煩。

生態鏈企業的品控團隊由張維娜帶領，維娜平時待人接物都很隨和，可遇到品質問題，她絲毫不會妥協。工作中她比李寧寧更加「不讓人喜歡」，生態鏈上的不少CEO也怕與她面對面交流。但接觸時間久了，大家就能夠理解到其背後的良苦用心，畢竟，品質是我們共同的生命線。

多維度評估

生態鏈企業選擇哪家工廠生產，我們是沒有決定權的。但生態鏈上很多企業都處於創業初期，如何選擇工廠，如何與工廠高效能的合作，它們並不了解，甚至對於一家工廠的實力到底如

何，它們也很難準確地評估。

　　舉個例子，有的企業說它為國際品牌做過產品，其實它有可能是跟某個國際品牌談過，也試產過，但最後IT能力不行，國際品牌並沒有選擇在這家工廠生產；也有的是確實在這家工廠量產了，但工廠品質管理一直上不去，良品率一直很低，成本一直居高不下，國際品牌就把產品轉到其他有競爭力的工廠生產了；還有第三種可能，國際品牌確實是找這家工廠生產了，但它只是二供或三供，獲得的訂單份額很低，只是作為備選工廠，以備不時之需。

　　所以，只聽對方過往的經歷，很難準確判斷這家工廠的真正實力。張維娜的團隊有著非常豐富的供應鏈評估經驗，在生態鏈企業選擇一家工廠的時候，我們就會跟著他們一起去實地考察，全方位評估這家工廠的實力。

　　比如，有一家生態鏈企業要做羽絨衣，我們的品控團隊跟著這家企業的人去評估了好幾家羽絨衣廠。他們自己最後選擇了北京的一家工廠，但我們的品控團隊認為這家工廠的生產能力不足。於是，我們向這家生態鏈企業發出預警，明確指出這家工廠存在的問題，它們目前的工藝流程難以生產品質穩定的產品。如果生態鏈企業堅持選擇這家工廠，我們就要求他必須有品質控制人員常駐工廠。如果品質控制人員沒有到位，我們是不允許這家工廠出貨的。

　　我們不希望對工廠的評估中加入過多的感性色彩，不是憑關係或是過往的經驗進行判斷。我們制定了一份供應商評價表，在考察評估的時候，每個品控工程師都會多維度進行科學評價。如果一家工廠低於我們要求的平均分，我們就會給出預警。被預警

後，生態鏈企業有兩個選擇：若不是更換新的工廠，要不就是派駐廠工程師，跟工廠一起整頓並改革，直至達到要求。

當然，隨著這份表格上出現的工廠越來越多，我們考察的工廠也越來越多，將來會產生一份「白名單」，一份「黑名單」。隨著我們對供應商越來越了解，就能更有效地幫助生態鏈企業找到最匹配的供應商。這份評估表和預警機制，也是我們與生態鏈企業達成一致的紐帶，它們幫助我們避免因為評價標準的不統一，而帶來管理分歧和內耗。

品控是一個非常複雜且龐大的體系，我們這一節講的內容並不完整。我們在這裡特別加上一節關於品控的內容，就是想告訴所有的創業者，在任何情況下，產品品質是根本，任何細節都不能放過。本書的下篇講述了小米對於產品的態度，無論是產品定義還是產品設計，最後都要落實到一款好的產品上。所以，品質是小米對生態鏈產品的核心要求。

講真

對硬體製造要有敬畏之心

黃尉祥　騎記創始人

我以前是做軟體、做互聯網（網路）的，覺得做出東西來並不難。但當我進入硬體領域，進入製造業，我深刻地理解了一點：所有人都能做出樣品，但不是所有人都能做出產品。對硬體製造這件事，要有足夠的尊重和敬畏之心。硬體有自己的客觀規律，不是你今天設計出一個東西來，明天就能做出來。只有尊重

它，才能把最難的問題都想到，要考慮到每一個環節，甚至做最壞的打算。對於生產製造和產品供應環節，我們做互聯網的人更需要一種謙卑的態度，不然這件事情一定會被搞砸。

現在都在講互聯網＋，傳統製造業都在轉型升級。我認為企業的製造能力是前面的這個「1」，所有互聯網的方法論都是為了提升效率，是後面的那些「0」。如果沒有前面的這個「1」，後面的「0」再多也沒有意義。互聯網是後面的「0」，可以無數倍地放大互聯網的能力，解決行業痛點，提升效率。

從樣品到產品，就是這個「1」產生的過程，這太難了。

後記

一群產品人，成就了小米生態鏈

洪華　小米生態鏈穀倉學院院長

這是姍姍來遲的一本書。

按原計畫是在二○一六年十月初出版的，可足足推遲了半年才定稿。之所以一再延期，一來小米生態鏈是個新物種，很難用以前的觀點來審視。它貌似一個集團公司，卻又「入資不控股」；它看上去像個孵化器，卻遠比通常的孵化器做得「重」。為了幫助加入的團隊取得成功，小米不僅為其提供輔導，在很多方面直接「下地」和入孵企業並肩作戰。因此老覺得看不真切，總擔心漏掉很多重要的人和細節，材料越來越豐富，又覺得更精彩的材料還在後面，所以書稿的寫作一直難以畫上句號。二來小米生態鏈其實還是個不斷進化的新物種，本身的發展也是一邊打，一邊不斷地調整、優化中，因此很多地方總覺得沒有定論。

最後下定決心畫上一個句號，還是出於德哥的鼓勵。他說，我們只要把這三年的實際情況盡量客觀地呈現給大家就好了，任何商業的做法都是具有時效性的，這如同海鮮生意，消費升級和萬物互聯風口當前，趁早推出來反而對大家更有用。

　　如何讓這本書「盡量客觀」、「原汁原味」地反映小米生態鏈的實際情況和打法的精髓，是個挑戰。在開始這個項目之前，我們查閱了幾乎所有媒體對於小米和小米生態鏈的報導，試圖了解各方對於小米和小米生態鏈的態度和認識。文章和書籍可謂數不勝數，但整體感覺大家對於小米和小米生態鏈的了解是不充分的，甚至有不少主觀揣測的觀點，也有加油添醋把小米模式奉為圭臬的，還有簡單粗暴直接否定小米的──這些文章無疑會誤導讀者。

　　為了搜集到全面的一手資料，我和董軍老師帶領團隊深度訪談了德哥、大部分生態鏈團隊的骨幹成員，也走訪了分散在全國各地的生態鏈企業──主要以前兩年加入的團隊為主，深入其研發現場，與其CEO聊完，再與骨幹成員聊，聽他們如數家珍般介紹各種各樣的過程和原型機。一群仗打得正酣的人，冷不防地被我們拉下陣地接受採訪，非常難得地耐著性子跟我們複盤還沒有打完的仗，身上還帶著硝煙味兒──我們要的就是這種硝煙味兒，很真實，也很有啟發，不同於科班的商學院和MBA氣息。我們也感覺自己不再是商業和科技的報導者，而是地地道道的戰地記者了。

　　這便是我們的主要素材來源，沒有大道理，卻是點點滴滴的、用真金白銀和血汗的教訓換來的一本戰地筆記。作為書的主體內容，我們把焦點主要放在了兩個地方，一是小米生態鏈的模式的萌生、迭代和演化，二是生態鏈做產品的大邏輯。模式也好，產品也好，都是由背後的一群人做出來的，這群人是一種獨特的存在──如果不單獨談談這些人，就會感覺這本書不夠完整。

　　先來說說德哥。德哥原本學的是工業設計專業，念過美國設計名校，學生時代就獲得過不少國際設計大獎，十幾年前創辦過設計系，也做過設計公司，專業上很精通。在設計領域，有個老生常談的話題：很多設計能斬獲各種國際設計大獎，產品卻賣不好；而有些設計大咖看不上的產品，卻能引爆市場。如何將好設計變成好買賣，是個困擾設計圈的難題。十幾年前，德哥還是個「略懂商業的設計師」；如今，德哥帶領的小米生態鏈把好設計變成了好買賣，既是國際設計大獎的常客，得到國際同行的認可，生態鏈生產的眾多產品，也贏得了使用者的心。做好設計，需要定見和堅持；做商業，則需要靈活和妥協。如何平衡這兩者的關係，是一門藝術。一仗接著一仗打，日復一日的「車輪大戰」，使得德哥對這門藝術日益精熟。

　　再來說說生態鏈團隊。團隊給人的整體印象是低調、務實，但對於關鍵性的決策，比如產品定義，大家都會明確表達立場、絕不含糊。生態鏈團隊中有一幫產品經理，和我們通常理解的產品經理不太一樣，其工作範圍的跨度很大，不僅需要和團隊一起完成與產品定義相關的工作，更要往前和往後延伸：往前要對行業趨勢進行判斷以確定投資和孵化大方向，然後要考察團隊、決定投資的細節等等；往後，則要跟進產品的執行落地情況、銷售和行銷過程，協調小米內部各部門和社會資源，以求達成目標。產品經理一職雖始於寶潔公司這類實體經濟公司，卻在互聯網（網際網路）領域被發揚光大、發揮重大作用，實體經濟中的產品經理往往有名無實，只是項目經理的代名詞。而小米生態鏈的產品經理既要懂硬體又要懂軟體，可謂「軟硬兼施」，可以說小米生態鏈賦予了產品經理獨特的內涵。

　　不能不說的還有小米生態鏈企業的CEO們。每次碰見蘇峻博士，他都會介紹不少新發現，比如腳上穿的新買的運動鞋所用的新型彈性材料，或是哪款襪子穿起來特別舒服；聊起小米行動電源，平常平和寡言的張峰就會滔滔不絕地聊起電源的鋁合金型材外殼，以及如何去除其表面瑕疵，如何把產品的成本控制在不可思議的低價；當你有時間和Yeelight的姜兆寧交流，他會告訴你，為了弄明白波音787上的自然光設計，他專門坐了多少里程的飛機去親身體驗；和米家掃地機器人項目負責人、石頭科技的昌敬聊聊為什麼他從互聯網產品經理轉而做硬體創業，他會告訴你他是如何從《變形金剛》的電影中獲得靈感，如何利用業餘時間拆了兩輛同款二手車，並把兩者合為一輛……用玩笑話來說，這群理工男有「戀物癖」。他們具有工匠精神，和傳統工匠相比，他們顯然學歷更高、文化層次更高、視野更開拓，他們做出來的產品也更能夠普惠大眾；他們具有企業家精神，但大多數人都沒有念過MBA，對商業模式、盈利模式之類的話題興趣不大，他們的熱情全都在產品上，一心只想把產品做好。用工匠精神和企業家精神形容他們似乎都不是很貼切，我們姑且用「產品家精神」形容吧。

　　小米生態鏈成就了這麼一群人，這麼一群人也成就了小米生態鏈。小米生態鏈現在只成立短短的三年時間，未來的路還很長，還需要有更多的新生力量和團隊加入。創業其實是小概率事件[68]，硬體創業更是難上加難，而小米生態鏈企業的成功率有望

---

[68] 機率論中我們把機率很接近於0（即在大量重複試驗中出現的頻率非常低）的事件。

獲得革命性的突破。背後的原因何在？一個創業團隊好比是一顆種子，剛剛破土而出的時候，如果立即遇到各種暴風驟雨，很容易就夭折了。小米六年來在品牌、方法論、資本、供應鏈等方面積累的資源，可以快速地賦能給創業團隊，使得小米生態鏈企業能夠在小米體系內部實現從零到幾億甚至十幾億銷售額的積累，也透過打硬仗帶出了一支戰鬥力超強的隊伍——小米實際上發揮了「溫室大棚」的作用，為這些剛萌生的苗子團隊的成長提供了充足的時間和空間。有一次我碰到王東魁老師，跟他聊起小米生態鏈的情況，他的一席話蠻有意思：「小米生態鏈在用一種樸實的方法改變製造業。同樣一顆種子，落在路邊，落在水裡，落在石頭上，都不會有收穫。落在貧瘠的土地上，收成比較差。如果落在一片肥沃的土地上，還有行銷、工業設計、供應鏈、管道、資本等資源，收成一定是可觀的。」

　　消費升級和萬物互聯的大風口，其實我們還看不到邊兒。大家都有機會，現在進場還不晚。預測未來的最好方式是創造它，這句話相信大家都比較熟悉，我給它加了幾個字：預測未來的最好方式，便是一起創造它。

　　為了一起創造未來，不如咱先加個微信：hongboshi-gucang。

一篇文章說清楚小米的經營邏輯

小馬宋

從「小米」牙刷說起

二〇一六年十二月二十日，小米生態鏈品牌貝醫生在米家 App 發布眾籌，一款新的牙刷在一天之內眾籌數量超過十萬支，從手機到牙刷，有許多人似乎越來越看不懂小米了。

我相信大部分做行銷的專業人士，同樣看不懂小米這家企業的做法。因為按照定位理論來推理，這看起來像是「作死」的玩法。

剛開始，我們以為小米是一家手機企業，後來有了行動電源和手環；之後，我們以為小米是一家科技智慧硬體企業，再後來有了淨化器、淨水器以及電風扇；我們以為小米將是一家電子和家電產品企業，再後來，有了延長線、毛巾、路由器、平衡車、掃地機器人、旅行箱、故事機、無人機、床墊和牙刷。

所以，我們迷茫了。小米到底是一家什麼樣的企業呢？

當然，肯定有業內人士會提醒我，上面這個敘述是有漏洞的。因為這些產品分別屬於小米公司、米家品牌、生態鏈企業、順為資本等等，各不相同。有些品牌嚴格算起來不是小米的，比如旅行箱的品牌叫90分，而剛發布的牙刷品牌叫貝醫生。而且細心的讀者會發現，貝醫生牙刷的海報中專門寫了一句「非小米、非米家品牌產品」。

騰訊投資了滴滴，但我們不能說這個打車軟體叫騰訊打車，

可是小米投資了智米，智米做了電風扇，我們還是會習慣地叫它
「小米電風扇」，這是為什麼呢？

小米族譜

　　就像《紅樓夢》裡先介紹各種人物和關係一樣，要想理解小
米，我們應該先來搞清楚一些概念。

小米

　　小米，就是我們常規理解的小米，是由雷軍創辦的一家企
業。目前以小米商標出售的產品包括手機（及周邊產品）、電
視、平板／筆記型電腦、路由器、淨化器、手環、淨水器、水質
檢測筆、體重計等。

　　但這裡面，由小米公司內部部門研發設計的產品其實只有手
機、電視、平板、路由器和盒子。其他小米品牌的產品，則是由
小米生態鏈企業代工生產。

小米生態鏈

　　小米從二〇一三年開始，發布一些非手機類產品，大部分都
是由小米生態鏈公司研發製造的。因為早期還沒有米家這個品
牌，早期生態鏈企業的產品就都叫「小米XXX」。二〇一六年
年初發布「米家」品牌後，小米生態鏈企業大部分產品都叫「米
家XXX」。

　　目前小米已經投資了七十七家生態鏈公司，其中三十家已經
發布了產品，四家為獨角獸公司，十六家公司年收入超過人民幣
一億元，三家年收入更是超過人民幣十億元。二〇一六年預計小

米智慧生態硬體全年收入可達到人民幣一百億元（約合新台幣四百五十億元）。

米家

米家是小米在二〇一六年年初發布的品牌，專門用來承載小米生態鏈的產品。米家其實是小米集團在小米品牌之外的第二個自有消費品牌。

小米之家

小米之家是小米的線下店，雷軍說小米未來想做「科技界的無印良品」，小米之家將承擔主要任務。我覺得，如果想看懂小米，應該重點研究小米之家。

金米

金米是小米生態鏈群體背後的投資公司，目前小米生態鏈的負責人是小米聯合創辦人劉德。

順為資本

順為資本是雷軍和許達來聯合創立的，但它投資的某些硬體公司也可能會成為小米生態鏈企業。

MIUI（米柚）

你也可以認為MIUI是小米的一個產品，但我覺得它影響力最大的是MIUI論壇，這次貝醫生在米家的眾籌，由於米家自身的不開放性，外部流量有限，MIUI就是一個非常大的導流和曝

光的地方。

小米商城

　　小米自己的電商網站，主要賣的是小米核心的科技產品，而米家出售的則是生態鏈企業的米家產品（也會有交集）。據說小米是全球第八大線上零售商，估計很多人會驚訝，因為它居然這麼低調。

家族關係

　　好了，幾個角色介紹完，我們還是要講講這幾個角色之間的關係。這裡面確實有點複雜，由於小米這家公司的發展速度過快，其實有一些是小米自己也沒太想明白或者做明白的，不過我們看的是小米的大趨勢。

　　小米手機是小米這家公司的安身立命之本，可以說沒有手機就沒有小米，但是從雷軍公開的演講我們可以知道，雷軍很早就知道自己未來做的不會是手機這一個品類，甚至不是家電，而是一個優質商品的集合，對比的標杆是無印良品或者Costco，其實你也可以認為，小米的未來應該是遍布全國的小米之家。

　　小米之家、米家App以及小米商城合起來，可以包含小米及生態鏈的所有商品品牌，它未來做的是「精選商店」的模式。

　　目前小米之家在北京有三個線下店，據說每月的平效高達人民幣二十萬元（約合新台幣九十萬元），這是個驚人的數字，因為之前做得最好的線下店平效大概只有兩萬元。雷軍在一次公開演講中說：「如果小米只有手機、電視這些產品，你一年也就能逛一次，但是如果我有五十個SKU（庫存量單位），讓你可以每

月來小米之家一次，那就大大提高了你的消費頻次（率）。」

而這五十個SKU，就是需要小米生態鏈企業來補充的。

你不能認為小米生態鏈企業就是小米投資的一個企業，不是的。只有有了小米生態鏈企業，才會有未來的小米之家的商品供應基礎。因為小米之家這個精選商店的模式，不是靠採購選品，而是靠自家投資製造產品，賣的是自有品牌。

這裡面有點兒複雜，我們慢慢講。

小米自有部門直接做的東西，剛才說過了，其實只有手機、電視、平板、路由器和盒子，其他都不是小米研發生產。除此之外掛小米品牌的產品，都是小米授權給小米生態鏈企業設計和生產製造的，然後貼小米的標誌來出售。但是這些企業又不是簡單的OEM（代工）或者ODM（原始設計製造商），而是和小米有著投資關係的企業。

同樣，米家的品牌也不是自己設計研發的，而是由小米生態鏈企業研發生產，並且以米家的品牌產品方式出現在米家App上。

那麼一個小米生態鏈企業的產品究竟歸屬小米品牌還是米家品牌呢？這要從兩個層面看，一是這個產品符合小米品牌屬性還是米家品牌屬性，比如小米就更注重科技和硬體，米家就更偏向家用和生活類產品。二是小米和米家這兩個品牌又分別有自己的要求，這裡面就有一些主觀的判斷因素。

如果你去小米商城、米家App或者小米之家線下店購物，你會發現有四類產品：

第一類是小米品牌，比如手機、電視、手環等等。它的商品名一般會叫「小米XXX」，比如小米空氣淨化器2。

第二類是米家品牌，比如掃地機器人、米家電子鍋等，它的商品名字就是「米家XXX」。

第三類是非米家、非小米品牌，但是屬於生態鏈企業的產品，比如正在眾籌的貝醫生牙刷，是由小米生態鏈投資的，但並不是米家或者小米的品牌。

第四類是非米家、非小米，也非生態鏈品牌，比如在米家App出售的極米投影電視，那就只是米家App採購經銷的一種商品。

這裡需要說明一下，如果一個小米生態鏈企業生產了小米或者米家品牌的產品，它其實也可以開發自己的品牌產品，比如智米科技。智米科技的第一款產品是空氣淨化器，現在就叫小米空氣淨化器，但是它自己還出了智米落地扇。

如果是小米或者米家品牌，就只能在小米或者米家的自有管道出售；如果是非米家、非小米品牌，就可以自己尋找管道銷售，但也可以在小米或者米家的管道銷售。

說得簡單一點兒，小米生態鏈企業是小米商城、米家App和小米之家忠實的、有股權關係的供應商，它們既可以專門為小米或者米家研發製造獨家的品牌產品，也可以自己製造另外的非小米、非米家產品而到別的管道去銷售，實現獨立發展。

小米為什麼不自己做一個產品，而是投資一家企業來做呢？因為擔心出現大企業病[69]，投資一家公司做會更有希望。所以生態鏈的投資理念與順為資本的投資理念是完全不一樣的。

---

[69] 指企業發展到一定規模之後，在管理機制和職能上，出現阻滯企業持續發展的危機，使企業逐步走向衰敗之路。

順為資本更像是傳統的VC，它主要追求資本回報，基本的投資邏輯是在未來透過上市或者轉讓股份退出。小米生態鏈（金米）的投資是幫助小米集團找到有發展潛力的夥伴企業，透過投資入股與其建立關係，最後為小米未來的商城和線下店提供可控、可靠的供應商。

這種圍繞小米集團共生的企業群落，小米內部的人稱其為「竹林結構」。

小米的經營邏輯

如果你把小米看成一個品牌製造商，那就錯了。小米未來的模式應該是自帶供應商的「精品商店」，你可以認為它是一家更高級的名創優品，或者線下線上打通的「網易嚴選」，但又有所不同。

小米生態鏈有一個投資理念，就是要投資那些滿足八〇％用戶的八〇％需求的產品，所以未來小米旗下的產品都是你熟悉的，沒有被驗證過的產品，小米幾乎不會做。小米生態鏈選品的理念是，不做培育用戶的工作。

所以當年的小米手環，也是等到歐美市場對用戶進行過一輪培育之後，才動手做的，現在小米已經是全球銷量第二的手環生產商（由生態鏈企業華米科技出品）。

儘管不能一統旗下所有產品的風格，但是小米之家出售的商品在設計上是有基本統一的調性的，這個調性可以概括為「冷靜、有用」。冷靜就是我們日常說的性冷淡風格。有用的意思，就是不做多餘設計，所有的設計元素都有其存在的道理。這正是雷軍說小米將是一家「科技界的無印良品」的原因。

　　儘管貝醫生牙刷目前還不是米家和小米品牌，但是其設計語言還是很小米的。簡潔的外觀，三種不同作用的刷絲，手柄處的防滑凸點，以及盲人可用的觸摸點，都是「有用」的設計。貝醫生的創始人章駿曾在聯想設計中心工作過十六年，也是祥雲火炬的主創設計師。

　　小米品牌主要落點在科技硬體，米家則更關注家居生活，為什麼會有這種布局？

　　除了之前說的，要讓逛小米之家的顧客，每個月來都可以買到感興趣的商品，這樣就可以增加顧客逛小米之家的頻率。

　　其次就是小米內部提出的「竹林理論」，他們認為一棵大樹是很容易被摧毀的，只有形成集群的竹林才能常青。比如，以手機為代表的科技產品其實更新換代非常快，稍有不慎就可能走下坡路，但是像牙刷之類的生活耗材，一旦形成品牌地位，要比科技品牌牢固得多。

　　所以，多品類也可以對沖一些經營風險。

　　總體來說，小米的產品在初期極力追求性價比，比如手機、電源和手環這樣的產品。一方面是因為小米自帶管道省去了管道費用，另一方面是小米每款產品都要求達到一定銷售量，從而提升了企業在供應方面的議價能力，使得小米本身依然有利可圖。

　　但是從目前的觀察看，米家App中的一些產品，已經不追求過低的價格了。產品雖然價格高了，但依然保持極高的性價比。比如90分旅行箱，一個二十吋的金屬登機箱最高售價是人民幣一千九百九十九元（約合新台幣九千元）。

總結

簡單的文字難以說清楚小米，或許未來全國有一千家小米之家後，消費者真正走進了小米之家，就能自然理解小米的邏輯。

所以要想看懂小米，你應該去看小米的線下店，這才是小米的未來和本質。

雷軍也說，公眾真正看懂小米，或許需要十五年，我相信這句話是真心話！

附錄

小米生態鏈產品 工業設計獲獎清單（國際）			
編號	產品名稱	獎項名稱	獲獎時間
1	米家 LED 智慧檯燈	iF 設計金獎	2017
2	米家壓力 IH 電子鍋	iF 設計獎	2017
3	米家電動滑板車	iF 設計獎	2017
4	米家掃地機器人	iF 設計獎	2017
5	小米無人機	iF 設計獎	2017
6	小米手環 2	iF 設計獎	2017
7	小米膠囊耳機	iF 設計獎	2017
8	米家 AirWear 口罩	iF 設計獎	2017
9	小米小鋼炮藍牙喇叭 2	iF 設計獎	2016
10	小米路由器 Mini& 青春版	iF 設計獎	2016
11	小米智慧家庭套裝	iF 設計獎	2016
12	小米水質 TDS（總溶解固體）檢測筆	iF 設計獎	2016
13	小米淨水器（廚上式）	iF 設計獎	2016
14	小米 WiFi 放大器	iF 設計獎	2016
15	小米活塞耳機 4 代	iF 設計獎	2016
16	小米藍牙耳機	iF 設計獎	2015
17	小米 LED 隨身燈	iF 設計獎	2015
18	小米手環	iF 設計獎	2015
1	小米淨水器（廚上式）	紅點設計獎	2016
2	小米路由器 Mini& 青春版	紅點設計獎	2016
3	小米活塞耳機 3 代	紅點設計獎	2015

小米生態鏈產品 工業設計獲獎清單（國際）			
編號	產品名稱	獎項名稱	獲獎時間
1	小米淨水器	美國工業設計優秀獎（IDEA）Finalist	2016
2	米家壓力IH電子鍋	美國工業設計優秀獎（IDEA）Finalist	2016
3	小米路由器青春版	美國工業設計優秀獎（IDEA）Bronze	2015
4	小米行動電源	美國工業設計優秀獎（IDEA）Finalist	2014
1	小米無人機	日本 Gmark｜GoodDesign Award	2016
2	小米淨水器（廚上式）	日本 Gmark｜GoodDesign Award	2016
3	米家 LED 智慧檯燈	日本 Gmark｜GoodDesign Award	2016
4	小米小鋼炮藍牙喇叭2	日本 Gmark｜GoodDesign Award	2016
5	小米延長線	日本 Gmark｜GoodDesign Award	2015
6	小米藍牙耳機	日本 Gmark｜GoodDesign Award	2015
1	小米淨水器（廚上式）	亞洲最具影響力設計獎（DFA）Silver	2016
2	小米無人機	亞洲最具影響力設計獎（DFA）Silver	2016
3	米家壓力IH電子鍋	亞洲最具影響力設計獎（DFA）Merit	2016

統計截止於2017年3月

小米生態鏈產品 工業設計獲獎清單（國內）			
編號	產品名稱	獎項名稱	獲獎時間
1	小米小鋼炮藍牙喇叭2	紅星獎｜金獎	2016
2	小米無人機	紅星獎｜銀獎	2016
3	小米網路收音機	紅星獎	2016
4	米家壓力IH電子鍋	紅星獎	2016
5	小米水質TDS檢測筆	紅星獎	2016
6	米家恒溫電水壺	紅星獎	2016
7	小米LED隨身燈／小米隨身風扇	紅星獎	2015
8	小米延長線	紅星獎	2015
9	小米手環	紅星獎	2015
10	小米體重計	紅星獎	2015
1	米家壓力IH電子鍋	太湖獎｜二等獎	2016
2	米家掃地機器人	太湖獎｜三等獎	2016
3	小米無人機	太湖獎｜三等獎	2016
4	小米手環	太湖獎｜一等獎	2015
6	小米路由器	太湖獎｜特等獎	2014
7	小米行動電源系列	太湖獎｜一等獎	2014
1	小米手環	金投賞｜產品設計銀獎	2015
1	小米淨水器（廚上式）	中國優秀工業設計獎（CEID）金獎	2016
1	小米行動電源	金點獎	2014
1	小米行動電源	北京禮物｜優秀獎	2014
2	小米手環	北京禮物｜銀獎	2014

統計截止於2017年3月

米家騎記電助力摺疊自行車

米兔積木機器人

小米無人機

90分金屬旅行箱

米家行車紀錄器

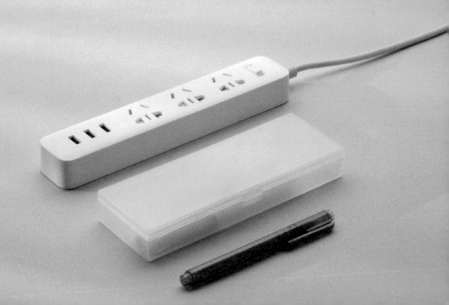

小米延長線

Yeelight床頭燈

米家智慧攝影機

米家小白智慧攝影機

米家空氣淨化器Pro

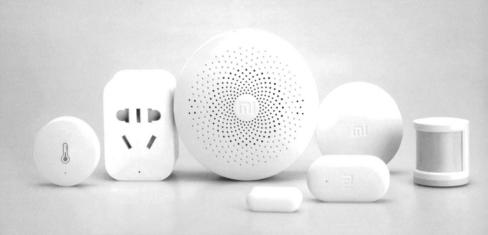

米家智慧家庭套裝

米家恆溫電水壺

九號平衡車

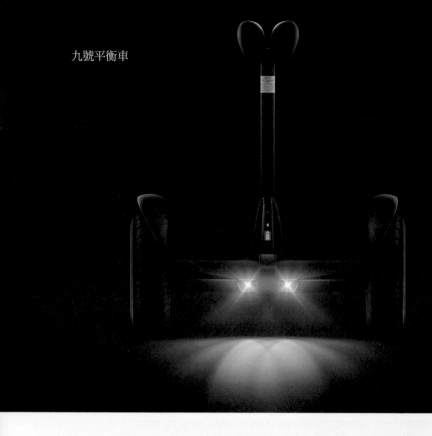

小米行動電源2

米家壓力IH電子鍋

米家LED智慧檯燈

小米頭戴式耳機

小米米家對講機

米家運動鞋（智慧版）

BW0692

小米生態鏈：戰地筆記

原　書　名／小米生态链战地笔记
作　　　者／洪華、董軍
特約編輯／張語寧
責任編輯／劉芸
企劃選書／陳美靜
版　　　權／翁靜如
行銷業務／周佑潔

總　編　輯／陳美靜
總　經　理／彭之琬
發　行　人／何飛鵬
法律顧問／台英國際商務法律事務所　羅明通律師
出　　　版／商周出版
　　　　　　臺北市104民生東路二段141號9樓
　　　　　　電話：(02) 2500-7008　傳真：(02) 2500-7759
　　　　　　E-mail: bwp.service @ cite.com.tw
發　　　行／英屬蓋曼群島商家庭傳媒股份有限公司　城邦分公司
　　　　　　臺北市104民生東路二段141號2樓
　　　　　　讀者服務專線：0800-020-299　24小時傳真服務：(02) 2517-0999
　　　　　　讀者服務信箱E-mail: cs@cite.com.tw
　　　　　　劃撥帳號：19833503　戶名：英屬蓋曼群島商家庭傳媒股份有限公司城邦分公司
訂購服務／書虫股份有限公司客服專線：(02) 2500-7718；2500-7719
　　　　　　服務時間：週一至週五上午09:30-12:00；下午13:30-17:00
　　　　　　24小時傳真專線：(02) 2500-1990；2500-1991
　　　　　　劃撥帳號：19863813　戶名：書虫股份有限公司
　　　　　　E-mail: service@readingclub.com.tw
香港發行所／城邦（香港）出版集團有限公司
　　　　　　香港灣仔駱克道193號東超商業中心1樓
　　　　　　E-mail: hkcite@biznetvigator.com
　　　　　　電話：(852) 25086231　傳真：(852) 25789337
馬新發行所／城邦（馬新）出版集團
　　　　　　Cite (M) Sdn. Bhd.
　　　　　　41, Jalan Radin Anum, Bandar Baru Sri Petaling, 57000 Kuala Lumpur, Malaysia.
　　　　　　電話：(603) 9057-8822　傳真：(603) 9057-6622　E-mail: cite@cite.com.my

封面設計／黃聖文
印　　　刷／韋懋實業有限公司
經銷商／聯合發行股份有限公司　電話：(02) 2917-8022　傳真：(02) 2911-0053
　　　　　　地址：新北市新店區寶橋路235巷6弄6號2樓

■2018年（民107）11月6日初版1刷

Printed in Taiwan

國家圖書館出版品預行編目（CIP）資料

小米生態鏈：戰地筆記／洪華、董軍著. -- 初版.
-- 臺北市：商周出版：家庭傳媒城邦分公司發行，
2018.11
　面；　公分. --（新商業叢書；BW0692）
ISBN 978-986-477-562-0（平裝）

1. 無線電通訊業　2. 企業管理　3. 中國

484.6　　　　　　　　　　　　　107018529

定價400元　　　　　　　　　版權所有・翻印必究

ISBN 978-986-477-562-0

城邦讀書花園
www.cite.com.tw